獻給我的父母，
和所有努力生活的人。

毛奇 著

深夜女子的公寓料理

年初。　一元復始，萬象更新　8

1	八日	煎牛排的方法：做給當兵弟弟的料理	12
	十四日	花瓣蘋果塔	18
	二十八日	步步高！過年必吃的蘿蔔糕	22
2	五日	另類主婦進京－京都超市逛街記	26
	十九日	京都逛批發市場	30
	二十五日	罐頭食做快速三明治	40
3	四日	春天的綠花筍沙拉	44
	十日	櫻花前線：野餐帶什麼便當？	52
	十七日	南薑雞湯的方法－泰式香料的練習	58
	二十四日	吃花	64
	三十一日	為愛料理	70

4	二日	虎豆	74
	八日	四月好做梅	78
	十四日	摘香菇	82
	二十二日	跟著南記行阿姨學做菜	88
	二十七日	桑椹果醬	94
5	六日	南歐風九層塔拌小卷	100
	九日	餐酒搭配的真心	104
	十二日	深夜女子吃豆腐	110
	二十日	鮮蝦毛豆泥	114
	二十七日	初夏利濕：四神湯	118
	二十八日	暗時十點的甘露煮	124
6	三日	楊梅、櫻桃、小龍蝦	128
	九日	大口喝下地啤酒	132
	十日	端午包粽	138
	十六日	迷人的庶民酸菜滋味	144
	二十四日	池上地產餐桌	148
	二十六日	海鮮粥	152
	三十日	夏天吃涼水－荔枝冰沙	156

7	八日	涼拌烤茄子與馬克杯天使義大利麵	160
	十五日	來吃土雞料理	164
	二十二日	台味魚皮卷蘸日本醬油	166
	二十四日	手打雞肉筍丁丸子蛤仔湯	170
	二十八日	梯田的割稻飯	174
	三十日	很熱的天氣，都市的瓜	178
8	四日	台味九層塔香干	184
	六日	奶酥烤水果	188
	十九日	餛飩日常	192
	二十日	中横的氣味：山當歸雞湯	196
	二十一日	豆子的黑色幽默：黑豆三吃	200
	二十四日	向台南致敬的牛肉湯	206
	三十一日	桂花川貝燉蜜梨	210
9	四日	山藥泥蓋飯與玉子燒	214
	七日	土鍋種種	216
	十六日	中秋烤肉：沙爹風味烤肉醬	220
	十八日	蜂蜜漬堅果	224
	二十二日	療癒系剝皮辣椒雞湯	228
	二十八日	扁魚白菜	232

10	一日	跟總鋪師學料理：魴魚捲蟹肉棒	236
	七日	深夜的獅子頭	240
	十六日	水嫩糟鹵醉雞卷麵線	244
	二十一日	金沙茭白筍	246
	二十三日	金黃地瓜燉飯	250
11	三日	鹹豆漿與靠腰	254
	十一日	泡菜豬肉豆腐鍋	258
	十二日	乾香菇蝦米炒米粉	262
	十五日	讓我們調情，不要説話	266
	十九日	大人小孩都愛的玉子燒	270
	二十七日	山珍海味的叉燒拉麵	272
12	三日	冬日超簡單暖心料理	276
	十日	節慶的甜點：抹茶磅蛋糕	278
	十三日	薑香白菜雞湯	282
	三十一日	鹽份地帶的滋味：培根菌菇炒海蓬子	286
	年末。	結個肥美的尾巴	290

年初。

一元復始，萬象更新

一年伊始，充滿盼望。

盼望春暖花開，盼望冬日不長，盼望所願的都能實現，盼望良緣歸來、意料內外的好事都發生。具體作法體現在買新衣、戴新帽、新包、新年度手札、新鋼筆、新廚刀菜鍋上頭，鈔票飛去，願望實現，彷彿自己跟著新物件也成了新的人。嶄新的美妙在於還沒真正發生，萬事萬物也等待被填充、書寫。站在新年開端，踩在回憶的終點，想到自己不少，想到身邊親人朋友也有一些。

——你好嗎？

——你準備好怎麼揮霍今年大把的時光了嗎？

一個新年，兩個疑問，三個心願，和更多沒那麼有信心的肯定。可是我們仍願意相信，因此雙手握拳，低聲跟自己說，「準備好了唷，新的一年請多多指教」——我會好好的，寫下文字，做出好吃的飯菜，關心我的家人朋友，累積經驗與生活，成為更好更強壯、美麗的人。

越大越能篤定地這麼跟自己說。

越來越能相信和了解自己的可能性，迎接年度。

這本書是關於一位很晚才出社會的女子，在剛北上工作的前兩年，以吃食寫下的筆記。用料理跟自己、跟人們說說話，也讓煮食成為生活中轉換心情的小儀式，分隔工作與生活。不過，她可能有點女巫的天份，所以從個人出發的生活儀式，慢慢變成可以為人言的話語與實踐，還經歷了幾場公開的煮食實驗活動，讓更多的人品嚐到料理的可能。一點一點，收束公開以及私下的心情與

一月八日

煎牛排的方法：做給當兵弟弟的料理

我的傻呼呼弟弟去當兵了。

其實他也沒真的那麼傻，是個可靠單純的年輕人。但看在姊姊的眼裡總是覺得得用什麼方法照顧一下才成，才仗著多長幾歲說他傻的。不然，一個一米八的高個兒，又抽到海陸，豈不是名副其實一個四肢發達的傻大個兒。

他去當兵前我誇下海口，說等你休假回來想吃什麼都做給你吃。想吃些什麼？弟弟害羞地說，想吃乳酪、淋點蜂蜜、還有好吃的小餅乾，或許來點啤酒也不錯。這有什麼問題，姊姊一口答應。一邊納悶，什麼時候國軍走這種翹小指吃點心的風格了？不多想，時間到了見招拆招。

到了懇親放假的日子，果不其然，弟弟把乳酪等需要纖細品味的食物拋之腦後，開了一瓶啤酒，說他最想吃的，其實是生鮮的蔬菜。軍中伙食因為是大鍋菜，最低標準首要煮熟、再求入味，跟能品嚐到新鮮蔬菜的甜脆有很大的距離。想了想，決定做一盆滿滿的清爽油醋沙拉葉子給他吃。但只有葉子不盡興，多買了牛排煎了一起吃。好吃的牛排，感覺就是很好的勞軍方式。

煎出好吃的牛排一點都不難，一是選好油花均勻分布的肉塊，油花代表脂肪和富含膠原蛋白的結締組織，是構成肉汁的主要成份，加熱後變成多汁香甜的口感。有好食材再手，愚婦也能長出巧手。二是掌握表面煎上色的技巧，鍋中放入奶油、融化冒煙熱好鍋了才把肉放下去。三則是跟瑜伽最後一招有異曲同工之妙的大休息式——煎好取出鍋、食用前務必要讓肉休息個三至五分鐘再吃。放置的用意在於讓肉塊外頭的熱度傳導完整，溫度下降，讓方才因高熱溶解的肉汁得以均勻分布回肌

肉纖維中，增加肉汁的飽滿程度。

掌握這三點原則，新手也可以輕鬆煎出令人驚艷的牛排。

最後呢，牛排起鍋後殘留的肉汁與棕化過的奶油還香噴噴的，別急著洗鍋——加點高粱醋、醬油膏、威士忌，小火搖勻，汁收乾些，就是用西式手法製作成的中式口味牛排沾醬。不疾不徐，將醬汁裝成一小盅，跟家人們好好享受這美味的天倫時光吧。

後記：關於承平與戰爭

弟弟在衛生連當兵。

根據他的說法，醫護兵分成兩種類型，醫官十分珍貴，不會在一開始就扔上前線，傷患會先由衛生連的醫護兵在前線做簡單的處置，再被人運送回後方。

運送的方法可說是五花八門，還有的扛著，有的把手打個結掛在脖子上從壕溝爬回後方。單兵作戰，一人肩負著一人的生命，真不是個容易的事。過年的時候，我讓弟弟示範帶我逃亡，因為平常沒太多的肢體親暱接觸，我們都笑翻了。這些技巧演示起來因為昇平時期，無用而生的幽默感反逗得家人開懷。我們心知肚明，這年頭我們怎麼會真的擔心戰爭呢，戰爭更多是新聞與政治上的話語煙硝，當兵與國民兵的家人恐怕更擔心日常演練操演中不可知的意外事故。

雖然在電影、小說裡看過不少戰爭，打開電視就不少——但你我也沒真的參與其中，生性慵懶，看戲把別人的痛苦看成背景與風光，是否是一種置身事外的殘忍？思想家蘇珊桑塔格曾經是我大學時的思想燈塔之一，她或許真的要批評的對象是攝影本身如刀，任何一個影像與描述與生俱來將時光凍結的能力——凍結的片刻真的能夠描述綿延的歷史與小至個人的苦痛與喜悅嗎？恐怕很難，很難。我們後人僅能閱讀，用片段在腦內補完出一部與他人用關鍵字溝通的、自己想像的個人史。

倫敦在蘭貝斯北站（Lamberth North）有個帝國戰爭博物館，號稱是歐陸數一數二大的戰爭博物館。以日不落帝國的封號，這個威名擔當得起。恰巧這個博物館是跟弟弟上大學前一起逛過的，我對戰爭和軍武不甚有興趣，男孩子倒是如數家珍。這博物館原來是醫院建築，分了幾個區塊，館前綠草如茵的草皮上就架了幾管十五英吋海軍巨砲，遠遠一角則是拆下的充滿塗鴉的柏林圍牆。弟弟看到垂釣在天花板下的老式螺旋槳戰鬥機，以及二戰美軍投到廣島的原子彈「小男孩」復刻版，顯得十分興奮；他小時候是個可喜的小胖子，看到這肥敦敦的原子彈模型，顯得有點投緣的樣子，繞著打轉。

我看了有點感嘆，關於這些我一概不懂。

大概性別知識養成與分化，從學校的軍訓以及護理課程就開始了。倒是一起去的戰壕體驗區，高溫、頭頂呼嘯而過的聲響、爆炸與土地的震動，反而變成如今我想像戰爭、想像弟弟軍旅訓練的唯一方法了。

一月十四日
花瓣蘋果塔

蘋果種類繁多，我非常痛恨口感酥鬆的蘋果，饒它是進口貨也不可原諒。

蘋果是薔薇科的果實，如何也想不透呀——若是有情人，妳要當他眼中的玫瑰、還是蘋果呢？為什麼就這植物集合全天下跨年齡層男子的寵愛呢？以花示愛，當他眼中的蘋果，或借花獻佛？說來羞赧，我不常收到情人送的花朵，倒是家人常買蘋果給我。一時吃不完的時候，稍微煮了加工，做糖蘋果或果醬都很合適。蘋果富含果膠，是果醬呈現膠質的重要元素，初學者做蘋果果醬不容易失敗。做難以凝結成膠的果醬時，加點蘋果丁一起熬煮也是個好方法。

冬日時分，水果入口時難免覺得生冷，但將這時節盛產的蘋果切片，煮成熱熱的焦糖口味，吃起來就不覺得冷了。還可依喜好加入肉桂，在暖暖的木質調氣味縈繞中，感覺體溫又暖了幾分。

焦糖蘋果有兩種作法，一種是像在美國遊樂園吃到的那種——把一整顆酸酸的新鮮蘋果浸到牛奶焦糖醬中，外頭再撒上堅果仁和糖果裝飾，像一根超大的棒棒糖，吃起來頗有樂趣。

不過這種蘋果通常沒削皮，吃的時候不免會想是否將果蠟統統吃下肚？這種棒棒糖蘋果在台灣比較少見，有回生了場大病，出院後，爸爸不知上哪兒買了這種蘋果給我，大有祝賀恢復健康的疼愛之意。本來嘛，英語裡「眼中的蘋果」就是珍寶的意思，我果然是爸爸的寶貝女兒！

媽媽倒是素來就愛買蘋果，蘋果也是她童年的美好滋味。外公疼她，常買日本進口的大蘋果獎勵這個會讀書的二女兒。當她成為母親，也習慣常買蘋果回來給家人。我呢，作為既得利益者，吃多了就想變花樣。

另一種焦糖蘋果的作法就簡便多了。鍋中以小火煮融奶油，加入砂糖，耐心等其融化和褐化，小心別煮焦，會誘發苦味。加入片好的蘋果，將蘋果煮到透軟就可以熄火了。這種焦糖蘋果拿來配鬆餅或土司吃都好，也可以放在塔殼裡，做成花瓣蘋果塔。

這時把事先做好的甜塔塔殼拿出來，填入自製的卡式達醬，上面從最外圍往內慢慢一瓣一瓣排出玫瑰的形狀，甜蜜地綻出一朵心花來，就是冬陽下盛開的暖心滋味。

【甜塔殼】

備妥中筋麵粉 200 克、奶油 120 克、砂糖 20 克、一咪咪鹽和雞蛋 1 顆。

將奶油切丁跟上述材料混勻，冷藏定型，桿開來用150度烘烤。

【卡式達醬】

材料為牛奶 250 毫升、蛋黃 3 顆、砂糖 40 克、低筋麵粉 15 克和玉米粉 15 克。

蛋黃先跟糖混勻後，加入粉類打勻；將加熱好的牛奶徐徐加入，再拿到爐上加熱攪拌，經過某個神祕時刻，整鍋蛋奶汁就瞬間濃稠了起來。繼續慢慢攪拌片刻熄火，冷卻後使用。

一月二十八日

步步高！過年必吃的蘿蔔糕

其實我平常也吃蘿蔔糕，不只過年才吃。去港式餐廳吃，到早餐店吃，台中第二市場必吃的更是入口處的鐵板煎蘿蔔糕。

台式的蘿蔔糕簡潔無比，米漿和白蘿蔔絲蒸熟，外表煎得酥脆，蘸著醬油膏配荷包蛋吃，就是熟悉無比的台灣小吃入門滋味；港式蘿蔔糕也極美，加入碎肉、臘腸、香腸丁和油蔥，不沾醬就美味。有入門小吃，就有進階班——進階班從製作就不假手他人，全套手作。我的蘿蔔糕啟蒙非彰化阿嬤莫屬——以往在年節時製作蘿蔔糕是阿嬤的專門工作，一兩週前就開始泡白米、磨米漿，再把米漿裝在布袋裡，用石頭壓好，綁在長板凳上，把多餘的水份瀝出。過年前一個禮拜，鄉下村子裡每家都有這麼一張綁著磨好米漿布袋的長板凳，這是過年前的神祕裝備，看到這裡，小蘿蔔頭們就知道廚房大灶要開始忙啦！

這次按照記憶依樣畫葫蘆做的蘿蔔糕，調味採港式風味。做起來並不會多太多的工。首先把白蘿蔔洗淨、銼成蘿蔔絲備用；用一杯在來米粉調入半杯水的比例，先把米粉漿預備好（可加入少量的澄粉，比例別超過在來米粉的六分之一，成品口感會較有彈性）。然後翻箱倒櫃找出喜歡的年節乾貨泡發切丁！蝦米、香菇泡發切絲，臘腸、肝腸切丁，跟油蔥酥一起入鍋慢慢煸香慢炒，炒得差不多了，加入白蘿蔔絲一起炒勻。以胡椒粉、醬油調整味道，炒到鍋內不濕潤了，倒入粉漿攪拌均勻，即可裝到容器中，放到電鍋炊熟。

後記：變色的蘿蔔糕

其實用現成在來米粉做的蘿蔔糕，怎樣都沒有用現磨的米漿來的好吃。現成的在來米粉做起來口感較硬脆，口感上保水程度也沒有現磨得來的好——不過在都市裡小家庭式廚房烹煮，看來也只能妥協。

有一回受人所託，又站在爐火前炒料準備做蘿蔔糕。想著怎麼解決口感問題，分心一會兒，油蔥酥在鍋中就焦了——油蔥酥本來就是炸好乾碎的物體，遇熱很容易碳化。再捨不得也只能整鍋丟棄，不然做出咖啡色的蘿蔔糕，怎麼好吃呢？

【蘿蔔糕】

蝦米1匙、臘腸1根、肝腸半根、油蔥酥2匙、白蘿蔔300克、水300毫升、在來米粉100克、澄粉15克。

這個份量的蘿蔔糕，電鍋外鍋要記得放兩杯半的水，跳起來就炊好了。

剛炊好的蘿蔔糕很濕潤，且燙，形狀會太軟糊不成形。隨著放涼，糕體會更穩固一點，這時就可以切成很工整的塊狀了。除了煎來吃，蘿蔔糕進階班的吃法還可加上肉絲、蒜苗、湯料來煮粿湯，或是切塊煎好定型後炒來吃。

一則台式口味，一則港式作法。不論哪種，都是很適合消耗過年期間各式各樣米製糕點的法子。敬祝各位新年愉快，蘿蔔蘿蔔步步高！

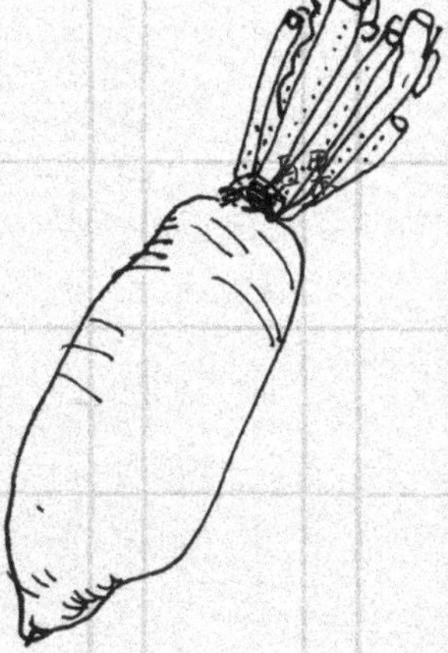

二月五日

另類主婦進京——京都超市逛街記

趁著年假安排了去日本的旅行，既是休息，也是充電。這次借宿友人在日本下京區的小屋，房子是自用，有小巧俱全的廚房。來到古都京都的第一餐，便不吃外頭了，主人自鄰近超市買菜回來，一同洗手下羹湯。共食談天便是最溫暖的待客之道。

初春的京都還很冷，我們搓著雙手、戴手套，或賴皮著放在朋友外套口袋中捏人肚皮取暖。他皺眉覺得我調皮，我樂得抽手在深夜的街頭輕快蹦跳，冷冽乾爽的空氣讓人打從心裡愉快。下京區屬住宅非觀光區，附近超市就有三家，根據關門時間，一間逛過一間，頗能體會超市規模大小的店鋪區位規劃差異。在眨眼間都會降下雪花的天氣裡，突然能夠明白捧一碗拉麵、掀開關東煮布簾的感動。熱騰騰的蒸氣與暈黃的燈光，命與生活的象徵。

喜歡蔬果牛奶的人，逛日本的超市應該會被眼前繽紛的蔬果和百花齊放的牛奶品牌們弄得心慌意亂。日本的超市標示上，都會標註出產地和品種的名字，細細的讀，讀出季節感，也讀出各地人最驕傲的農產名字。南方熊本縣阿蘇的草莓、九州酸勁迷人的不知火橘、傳統的京野菜聖護院蘿蔔……即使是一樣的蔬菜物產，不同的品種和產地，也能夠展現出不一樣的風味。這個季節，正值野菜上市，超市裡放出一區「春野菜」，擺上初春探頭的野氣蔬菜：蜂斗菜、蕨類嫩芽、虎杖，人們吃氣味，其實吃的是一年之初的好風光。想像這麼寒冷的天，收束了一季沒吃到嫩綠食材的胃囊，看到雪地裡出頭的生機，豈能不攫取下肚呢？看來文雅，實則野蠻。

牛奶，日本不愧是橫跨溫帶的國家，酪農業發達，除了大廠牌的鮮乳外，由各地農協會自己推出的鮮乳，奶香口感清新，姿態各異，滿足不同人的口味。日本因為氣溫更適合乳牛產乳，一些品種的乳牛可以產出乳脂率高達4％以上的鮮乳（台灣全脂鮮乳大概在3.5％，低脂乳則乳脂小於2％），便以大刺刺的姿態標榜超高超濃厚口感，滿足消費者的喜好。

秉持著超市買來的食物，吃掉就不浪費了的想法，雖然降低了逛街的罪惡感；但面對味美三千，取哪一瓢放入胃囊，還真是旅人的荷包挑戰呢。當晚吃的是：番茄薑絲炒牛肉片、日本魚鮮做的泰式酸辣湯、烤大蔥與雞。沒有特別講究要日本料理不可。畢竟已經使用當地食材，怎麼做，味道都跟台灣不一樣呢——好比，日本的高麗菜拿來生吃、配麻油與海鹽就極度甜美脆口，拿來台灣高麗菜式翻炒，做出來硬是不好吃。因為天冷或品種差異，澱粉含量高，甘美是甘美，口感粉粉的，不對。

我們將深夜超市打折的牛肉片先用醬油醃過、鍋中熱油炒快熟後拿起，番茄切塊跟薑絲放進去翻炒後再加入牛肉調味，就是溫和的番茄炒肉。湯有點偷懶使用現成鍋底，不過大量放入新鮮海鮮蝦貝類絕對是美味的不二法門。最後的烤大蔥與雞，簡單將蔥段和雞塊串在竹籤上入烤箱烤熟，吃之前蘸醬油或撒鹽。如此就是一道真摯的手作迎賓美味。

二月十九日

京都逛批發市場

我喜歡逛市場。

市場是匯集一個城市、鄉鎮口味和環境物產的殿堂。走在其中，鮮活的翠綠的、肥碩的修長的新鮮蔬果，簡單加工的漬物與鮮食品，魚與肉，夾道而來的風景與真實的日常生活脈動使人喜悅。

來到京都，一般咸認為必看的是市中心的錦市場。錦市場位於京都市的心臟，是從寺町通到高倉通的一條商業街道，販售京野菜、京漬物、魚鮮為主，有眾多老店。地理位置上也可以從料亭餐廳遍布的祇園一帶沿著新京極商業街走過來，走一遭，彷彿就窺見了京都人四百年來廚房的樣貌。不過此地近年來觀光客不少，當地友人就再三告誡，路邊如糖葫蘆的生魚片肉串別亂吃，要吃還是到店裡才新鮮衛生。早點到市場晃盪，可以買中央米穀店的三角米飯糰當早餐吃，米穀店同時也販售不少日本當地的稻米種，值得嘗鮮；一些現做的盆菜店家，價格並不便宜，但是京都老太太們也不時來買些，讓人想起南門市場一樓的熟食攤。只是京都賣的是京野菜與南蠻煮，南門市場賣的則是桂花糖藕和綠辣椒鑲肉。

饒富興味地逛著，我並不會說台灣的菜市場缺乏節氣時間感，不過溫帶的日本人彷彿更頂真地計算時節的變化。這從節氣書籍的內容編排即可見其一斑：台灣節氣書通常是春夏秋冬四季配合二十四則節氣；日本節氣書通常將二十四節氣再細分成前、中、後，一共七十二候。一候約莫五天，時間曆法的細微刻度體現在吃食上，顯得充滿更多細節與規則。

好比，在季節來臨，立春、立夏、立秋、立冬的前一天，稱為「節分」。立春的節分要吃「惠方卷」。惠方卷的內餡傳統上有醃葫蘆條、黃瓜、雞蛋卷、鰻魚、肉鬆、椎茸等七種食材，代表「七福神」。人們拿著這一大條海苔卷，朝著當年度的吉利方位大口吃掉、不能停止，就有招福驅邪的效果。

年假拜訪京都市場的時機，除了販售相關食材，就連附近便利超商也販售這惠方卷。無奈觀光客胃口有限，看人吃得有趣，那麼一大條讓人無福消受，自己就捨棄了。觀光客身分意味著異地全然的奧妙都可被挖掘與觀看，但生理的限制，能夠吃多少、走多遠、爬多高，都必須要衡量打算。

「吃什麼好呢？」

忍耐觀光客不得不為的貪婪，最後以廚娘的直覺在一家清酒醬料行，買了一小壺現榨的瓶裝生酒和當地老牌燕子牌蘸黑醋醬（ツバメオリソース），還有灑在飯上面的香鬆。芝麻炒極香，配上鰹魚碎，一圓我心中日式餐桌的圖像。

瓶裝生酒，這個台灣難得，值得介紹。

日本清酒一般在進到通路販售前，會有兩個加熱降低酵母活性以及殺菌的時間點：裝槽、以及從槽中取出裝瓶。跟牛奶一樣，殺菌後讓儲存品質穩定，卻會減損一點「野」的複雜風味。在台灣通常是喝不到生酒的，也跟進口法規有些關係，如果人在日本，生酒類的：本生、生生、生詰、生貯……都很值得一試。

某些時候，美食家的愛慾是屬於食品安全的政治不正確的。饕客、吃家，不惜千里迢迢，罔顧碳里程，來到產地品嚐活生生的食物；吃沒被殺過菌的乳酪和酒，與這些被暱稱為「冷火」的發酵小菌，感受至高無上的吃食喜悅。

但也有些時候，愛吃鬼的愉悅與安心只要一點點就夠：比如在地老派食品工廠做出來的黑醋醬料。這類黑醋醬料，用辣椒、蔬菜、豆類發酵而成的帶辣豐厚醬汁，類似伍斯特醬，硬要類比就是台中人吃的東泉辣椒醬吧。屬於戰後日本發展出來的和風洋食系醬料，搭配豬排、炸物吃很過癮。帶著在地家家都使用的共同回憶，買一瓶放桌上，頗有旅行後的回憶共感——在烏黑濃口醬汁中，模糊時間。

雖說世人提到京都市場，都說錦市場。事實上在遠離觀光區的京都西區，有個規模巨大的京都第一批發果菜市場，這才是現代都市生活中，真正意味的京都胃袋與冰箱。內市以批發的價格提供整箱的蔬菜水果、豐沛的海鮮給整個城市的餐廳與中小型商店街菜市；外市一格一格的空間，做的依然是上游生意：各式昆布一葉葉收得像美術社紙架的日式乾貨店、專賣各地產製之糖鹽澱粉的中央砂糖店、日式便當盒店、懷石料理用的餐具批發商店、鍋具與瓦斯鍋爐店……除了批發市場的電動台車來往穿梭，各家商店一派閒靜為京都人服務，少見觀光客。

細細地看，這裡的店家看來親切的多，但主動招呼的少。親切是因為不需要日日應付觀光客多了分日常感，甚至感到好奇何方來人。不主動招呼原因則太明顯：我們看起來就非市內商家買客，不需額外費心。

市場觀察學頗有一些樂趣，比如潔白紙箱上寫著「小女子」漢字，其實這是太平洋玉筋魚（イカナゴ）的名字。或者細數當季肥美食材的產地：日本中國地區長的冬筍，京都昆布販賣組合、齋木山葵店從靜岡縣叫的粗大山葵、福岡縣期間限定的「蕾菜」（類似我們的娃娃菜巨大版本），一盒只要一千多日幣的和牛股肉切片。真是目不暇給，是煮婦心中最上乘的週年慶體驗呀！

這樣的批發市場旁通常有迷人的朝食可吃，是做飯給市場裡辛苦打拚生活人們吃的飯館。就像台灣傳統市場裡小攤特別好吃的概念——新鮮用料來自市場，價格低廉。口味面對這些日日夜夜與吃食環繞的體勞食客可說是馬虎不得，口味必須拳拳到肉。如果在台北，這樣的市場與朝食攤位要往萬大路上的第一果菜批發市場、農產運銷公司尋去。市場一般人可以拜訪的區域有：魚鮮、肉品、水果和蔬菜，主要這四個區塊。在魚鮮這區的邊上，有一排自助餐的攤位，環境不甚整潔，小菜一般，必喝的是魚骨熬煮的味噌湯，加糖的台灣式甜味噌，用充滿刮痕塑膠碗裝的濃郁的魚鮮滋味以及小骰子樣的豆腐丁，暖身補氣力。販夫走卒這邊吃完，仗著穿長桶雨鞋之便，魚骨菜渣一律往地下吐，待攤販過一陣子一起清掃。對於少女來說，這樣的環境吃食是需要一點置身事外的勇氣。

日本的朝食店家就不會這樣了，整潔，分成西式和式兩品。西式通常有大面玻璃窗，裡面桌面有煙灰缸的老派咖啡店；可以點到小杯的expresso（可能是即溶沖泡的，或是賽風壺煮出來的），用烤土司機跳出來的淡寡的三角形土司、粉紅色的薄火腿、荷包蛋。老派咖啡店的店主通常是年長的阿姨，頭髮電得澎澎的，稍微佝僂的腰背，親手為客人端上茶飲。

和式又細分成兩種：家庭食堂類型的，拉麵食堂類型的。家庭食堂式的——嘖，可好吃了，是我菜市場食堂中的最愛。用味霖和醬油煮得甜甜的魚卵、煮魚，玉子燒、炸蝦（エビフライ）、高麗菜絲，和上面打上一顆生雞蛋的好吃的白飯，最好吃了；住附近的老先生老太太也會散步過來吃早餐，配食堂當日的報紙以及電視。拉麵食堂就是吃濃厚的拉麵，有時候也附上叉燒肉販，重鹹口味讓男子漢們都吃得十分滿足。當然，這樣的店家幾乎都是男性們的吃食場域；基於形象管理的考量，女孩子建議還是別單身去吃比較好。

下回逛完市場，不妨鼓起勇氣，拉開木門、掀起布簾，大口大口通達地品嚐在地滋味吧。

後記：老派時光

我是台中人，有兩間台中的老派咖啡店是我常去的。一間是台中女中後門、忠孝國小旁邊的中菲行，另一間是市政府附近的老樹咖啡。兩間基本上都在台中老區的中區，時光淘洗中顯露出一點舊日的時髦風格。中菲行歷史很久，賣咖啡豆原料起家，擅長虹吸式煮法；老樹咖啡在一片如今有點蕭條的舊城街角，店口一間盎然的大榕樹，店家恰如其分地陳放歲月，椅子是很上道的，打了銅釘的繃布面。老派帶苦味的咖啡，客人多老客人，年輕人是少數。在裡頭消磨時間，總覺得金黃色的時光走得緩一拍，恬靜舒適。

石田食堂
石田食堂

二月二十五日
罐頭食做快速三明治

現在說到罐頭食品，常常給人不健康的印象，難免有點不登大雅之堂的感覺。不過除了口味可能有點偏油、偏鹹之外，你可知道台灣罐頭因為食品法規，其實並沒有添加防腐劑呢。

最早的罐頭發明，始於十八世紀末拿破崙的軍隊襲捲歐洲之時。為了解決超長戰線下補給提供的問題，套句現代用語來說，拿破崙提供鉅額一萬兩千法郎「跪求」解法。這時一位待過酸菜、啤酒、糖果工廠和飯館的廚師，發現將食物密封加熱後便不易腐敗的加工方法，成為當代罐頭食品的雛形。這位法國廚師發明了玻璃罐頭，沒多久，英國人也研發出了馬口鐵罐頭的方法，從此，隨著戰爭與保存物資的需求，罐頭食品進入了人們的生活中。

罐頭在台灣，除了是中元節祭拜時大家都很熟悉堆成小山的罐頭塔景象、超市裡成排的選擇、爺奶餐桌的心頭好。幾種罐頭的口味，更可說是伴著台灣人成長——小時候很喜歡的紅燒鰻魚罐頭，爸爸喜歡紅燒鯖魚、配稀飯吃喀喀作響的脆瓜罐頭，還有初一十五就會想到的黑瓜和土豆麵筋罐頭，噢、還有怎麼能夠忘記國軍兄弟都會吃到的豬肉及牛肉罐頭呢？

罐頭直接吃，味道不免有點死板，口味也重。但若稍微調理一下，與生鮮蔬食搭配，拿來燉湯或者直接食用，都能增添美味。我曾經在戰地金門吃過一道蒸芋頭搭配牛肉罐頭的料理，非常好吃。作法就僅是起一鍋蒸芋頭，切好一大把蒜頭碎，另起一鼎把牛肉罐頭微加勾芡切點蔬菜進去燉煮做成澆頭，淋在剛蒸好的芋頭上。澱粉與肉的濃郁風味真是好吃極了。我也曾在宵夜時分，將白天預先用電鍋蒸熟的馬鈴薯，微微地撥開，放上一塊品質優良的發酵奶油（推薦使用有法國 AOP 產地認證的伊思妮 Isigny 奶油），澆上幾大匙新東陽辣肉醬罐頭肉，就是速成的邪惡宵夜。

讀者跟我分享，她平常在家搞定家中老小煮的麻婆豆腐，也不時用肉醬罐頭來代打調味。只需調整濃淡、添加花椒、辣椒，與蒜苗，就成一道開胃好菜。軍糧罐頭平日不可得，大多數罐頭料理也是過火才風味十足。

今天早餐我用昨晚開來下酒沒吃完的鱈魚肝罐頭，摘下有機水菜葉、抹麵包灑點胡椒鹽夾來吃。冷冷的吃，配杯黑咖啡，頗有大人早餐的成熟風味。除了不浪費昨晚的好吃罐頭，也是五分鐘就能做好帶走的快速早餐呢。

後記：老派的罐頭圖案

逛高級超級市場，有個樂趣是端詳罐頭的花樣。

歐洲進口的魚罐頭，顏色鮮豔，魚眼炯炯有神。類同的花紋一字排開在架上頗有視覺效果。難怪美國普普藝術大師安迪沃荷 Andy Warhol 成名作之一就是康寶濃湯罐頭的集合影像。

三月四日

春天的綠花筍沙拉

空氣中已經開始出現春夏的氣味。沒有辦法具體說明，大致是陽光與些微的暖意混和出來的感受，天始暖，街頭櫻花的花苞蓄勢待發，腳下的土地蘊藏了將綻放的綠意。皮膚和眼角膜澎澎地感受到無法按奈的濕潤潮意，春天，就要來了。

視覺、膚觸、聽覺一日一日地訴說季節時光的更迭，如果說「春江水暖鴨先知」，食客的季節感受便是由味蕾與餐桌開始。今日我們就上菜市場選擇些當令的果蔬，製作成溫沙拉來品嚐春光吧。溫沙拉的好處是，跟一般沙拉比起來裡面多了些溫熱的食材吃起來沒那麼生冷，但是放冷了入口也很好吃；如果拿來帶便當，蔬菜也不會因為餘熱顯得爛熟。

初春的特選食材是：綠花筍、櫻桃蘿蔔、柑桔科果實。

春天的綠花筍很好吃，鮮活碧綠顏色，前面帶著小花穗，有十字花科蔬菜吃起來的纖維健康感。名字叫做筍，是取其尖端新發的部位得名，口感幼嫩，有時菜市場還會賣已經撿好的，回家只要清水清洗燙過鹽水就很好吃。也或者加點蒜片，鍋中油熱了清炒，斷生了就起鍋，沾上鑊氣也十分美味。不過我們這次換個作法，加上其他春季食材「攪和攪和」，拿來拌沙拉。

櫻桃蘿蔔個頭又小又圓，紅通通的拇指大小煞是可愛。整顆吃其實有點辣，可以用糖跟醋醃了做成漬菜吃，但這種作法外頭的櫻桃粉紅色會消退些，變成白白的蘿蔔躺在粉紅色的浸汁中，有點掃興。換個方法，拿削皮刀把櫻桃蘿蔔片成薄片，辣感大幅下降，配色點睛又脆口。

春天的開頭還有不少冬季尾巴生產的柑桔果實：柳丁、茂谷柑，取出果肉，也放到沙拉裡頭。如此一來：黃橘紅綠，這一盆沙拉中都具備了，繽紛地像春天的花園。此外，用手擠出的柑桔科果汁也可以加入溫沙拉的醬汁中，增加整體風味的平衡感。

醬汁採用和風口味，更貼近我們一般的飲食口感——柴魚醬油露、香油、胡椒粉、檸檬汁（可用味道清淡的醋代替），加上一點柑桔果汁混和好，跟以上的材料一起拌勻，就是好吃的春天青花筍沙拉。

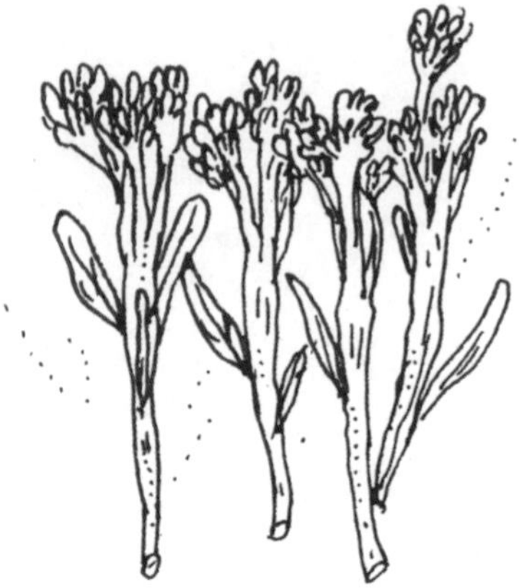

後記：時令與野菜

冬末初春一訪日本，給我的吃食帶來很多啟發。最多的靈感來自於京野菜與野菜。日文的「野菜」其實就是「蔬菜」的意思，「山菜」可能才比較接近我們所說的「野菜」。京野菜是戰後京都料亭的少東們發起的區域品種蔬菜保存計畫至今。而人們所說的野菜，就是未經過馴化被人類廣泛種植的植物可食部分，可能是因為氣味強烈、或是未經適當處理帶有些微的毒性，讓人拉肚子或口腔感到麻痛感。

日本人吃山野菜，吃的是時間感，和沒有被收攏近田園的嫩嫩的野意。台灣人吃野菜，則多少帶了點都市化後「返土」親近自然的情意。

這點從日治時期出版的《台灣野生食用植物圖錄》一書的內容就可以見之。本書是由成立於一九二八年（昭和三年）的台灣植物同好會編著，彼時在台日人，科學地毯式地嚐百草，標出特徵與產季，最重要的還有，風味與建議食用方法。而台灣人近來吃野菜，多少放在原住民文化復振的脈絡下。

強調在地、以及生物多樣性、原生文化的重視，「採集」（forager）野菜變成近來飲食界很受歡迎的風格。主流的漢人文化也開始在原住民傳統食用植物的光譜中，尋找新鮮而在地的品種，於是一些氣味強烈的植物如：刺蔥、山胡椒等，紛紛蹦上食材選物店的商品架上。高級餐廳也紛紛使用這些原料當做感官熟悉而又陌生的亮點。

是，我也喜歡用這些香料，特別是這些原鄉部落的農產品，在當代偏鄉地區尋求替代性經濟發展模式（alternative development）時，是很容易製作且具有土地特色的商品。購買彷彿為了偏鄉發展盡了份心力。

我們也可以如數家珍：又稱作馬告的山胡椒，在植物分類上離樟樹要比離胡椒籐蔓來得更近，濃厚的精油氣息，有桉樹、檸檬、薄荷的氣味，拿來燉雞湯時不能多加否則發苦，做檸檬愛玉時添香卻非常適合。刺蔥類別的植物，人們食用的歷史比辣椒還要長——古稱食茱萸，本草綱目亦有記載；排灣族喜歡使用它的嫩葉，不大使用它的種子和花蕊。不過呢，這刺蔥跟日本人非常喜愛的「山椒」是同屬的植物，種子吃起來都帶有麻香，非常有趣。刺蔥葉子氣味非常強烈，添加務必斟酌，否則整個口腔像刷過清涼牙膏似的，非常嚇人。

無論如何，作為有部落田野經驗、蝸居都市的煮婦來說，選擇採集或者選擇原住民的香料，食不食，除了是食物滋味的有趣建構，更多時候毋寧是在飲食上多一種文化認同的取徑：我喜愛、並且悅納不同文化的滋味，一如我喜愛所有的舶來品滋味，並且更因為土地的連結，讓我對台灣的野菜產生認同的情感。

【清爽沙拉醬汁】
最基礎的配方是：油、酸味、鹹味、甘味。

盡量使用氣味不要太強烈的油，免得奪去食材滋味。不過視食材風味挑選可以相得益彰的新鮮油品，可以婚配（marriage，葡萄酒餐酒搭配用語）就是好油。

酸味可以是西式醋、中式醋，檸檬汁、酸柑桔汁等。
鹹味可以是不同鹽巴、醬油、帶鮮味的魚露等。
甘味試情況添加來平衡整體的滋味，建議以能跟沙拉材料內容呼應者佳，例如果汁或棕櫚糖。

三月十日

櫻花前線：野餐帶什麼便當？

三月來到中旬，早在一月份，喜愛賞櫻的日本人就開始公布「櫻花前線」的情報，預測日本由南而北各地花朵開放的日子。坐在滿開的花樹底下，打開包袱巾取出精心製作的便當，在風景中迎接春天的到來，怎麼想都是關於溫暖季節，最風和日麗的開場白。

在台灣我們也有桃紅的山櫻花，或者早些時候綻放的梅花。具有國族意識的電影視覺，也很習慣用緋櫻來借代做日治時期的符號——而有時單純喜愛植物花草之人，不免想桃李何辜，花有自然自成的纖細美，語言乃是多餘。在台灣，這時疊上了春日多雨潮溼的季節、寒流鋒面尾巴，要乾乾爽爽坐在樹下吃便當賞花流觴，有點難度。但也還是可以取段小花插在瓶裡，端坐室內體會春意。

今日製作的便當菜餚，以適合帶出們野餐的餐食來發想。避免湯湯水水，做了幾個小項，分別是：香菇豆腐漢堡、蘑菇填肉餡、青椒填沙拉船。

剛好三道都是填塞的料理。料理家事時，其實很喜歡塞東西，有時東西很多，沒心思整理的時候，也常想說亂塞了事好了。但往往招致更大的災難，就是無法好好的斷捨離——心事如此、物品如此。但唯有食材，塞著塞著、慢火煮就竟成了功夫菜式。

後記：野餐與賞花

不大確定有沒有花可賞玩分心，不過時下流行的野餐對我來說有時候是蠻可怕的事情。熱門景點像是華山大草原、或是山中某個牧場，瞬間在白日湧入大量的人潮。野餐的組合家家戶戶不啻是高手過招，是辦家家酒的武林，松針下展演一切可愛配件，茶道和廚藝的極致。

我不合群，做不到心遠地自偏，看到那麼多人，若非有朋友相伴，專注於與友人的嬉鬧時光，當真恐懼不已，找個空隙臉上蓋著草帽很快就在樹下呼呼大睡睡著了。多希望這些自備動物面具來野餐、綁滿緞帶，像中了魔法的森林仙子們，睡醒後就消失，讓山與天光回到天光與山。不過這樣想太無理，自己也不就是旁人添亂的風景一隅嗎，還嫌。

後來發現北台灣山區野花帶來的喜悅，不亞於任何景點。

從熱鬧的南投山中牧場露營區離開，我跟女朋友們，沒有下山，朝著人煙稀少、魚池鄉的蓮華池農業試驗所方向走。沿路有林相完整的中低海拔闊葉森林，十分難得。此地林業試驗頗有點歷史，前身是建立於一九一八年的日本藥用植物栽培園地。在木造的林業老宿舍旁，不少殼斗科的樹木。我們打開沒吃完的水果盒，漫步林道，撿拾橡櫟果實種子，成為野餐之旅最美的番外篇。

【肉餡】

把牛肉豬肉餡混和好，薄調味，混入適量的板豆腐，跟雞蛋混勻。板豆腐要先抓碎，也抓掉一些豆腐的水份，可以取代一般西式漢堡加土司丁的作法，讓漢堡肉餡吃起來多汁。

【香菇與蘑菇】

大香菇中間鑲了肉餡，怕不容易烤熟，可以先用平底鍋把去梗的香菇煎熟，兩朵上下夾著肉餡。放到烤箱中 200 度烤 20 分鐘。蘑菇因為長得小朵，不強求做成漢堡狀，去梗填餡拿去烤就好，也不需先處理。

【青椒填沙拉船】

水煮雞蛋 1 顆，跟其他弄熟的餡料加美乃滋拌勻，胡椒粉或黃芥末調味。填到切半的青椒中。幼嫩的小青椒其實嚐起來味道沒那麼重，十分清甜。

三月十七日

南薑雞湯的方法—泰式香料的練習

炎熱，是三月份來到泰國的第一印象。

出發前，台灣正值寒流，台北才十二度，濕冷黑夜中出發，落地曼谷時卻是相差二十度以上的夏天。泰國一年之中最熱的季節正是這時候，七八月份反而因為季風雨季浸泡大地，溫度沒那麼炙人。空氣乾熱的緣故，明亮的陽光毫不保留地照射在這片熱帶的土地上，萬事萬物都顯得鮮豔濃郁無比——金黃的廟宇、寶藍的天空、桃粉紅的計程車、濃綠的路樹，遂成為我對泰國的第一印象。

泰式料理也維持了這樣鮮明的風格——氣味奔放的香草植物，根呀葉呀與莖，檸檬透徹心扉的清香與酸，帶著焦糖香氣的椰糖與棕櫚糖，辣出淚來的各式長短辣椒，以及魚蝦發酵而成的魚露醬汁，構成了泰式風味的基調。這些不同熱帶滋味的材料，一同組出鬧烘烘而優美的共鳴——以南薑、蒜、胡椒、荳蔻、芫荽子等乾燥香料磨碎構成木質與澱粉辛辣香氣的前奏，接著是椰奶與鹽糖與香茅檸檬葉精心穩穩調配出的主旋律，讓香濃的醬料包裹魚、蝦、蟹、雞肉、綠茄以及所有美好的主角獨舞，起鍋前擠上檸檬汁灑上香菜。還可以綴以辣油。豐富、各自具有獨特神情的材料，同煮一鍋卻又如此協調，迷人得不可思議。

跟著當地料理廚房的老師，手把手做過一遍，才知道原來這種衝突卻又和諧的濃烈美感，看似隨性，實則伴隨著如精細控制閥般足供廚娘時時留心與修正的細節。以椰奶南薑雞湯為例，第一，要先下薄油炒香咖哩香料醬料，好逼出香味。接著加入切絲南薑後，先下一半的椰奶椰漿，要耐心地在爐前等候鍋中噴香的椰漿湯底冒泡沸騰到椰子脂稍微分離的狀態，才落下香茅、檸檬葉，與剩下的椰漿。接下來就是調味的功夫了，要下檸檬汁，天熱要夠酸才開胃。有酸，就得有甜來搭配，泰國人喜用沒精鍊過的塊狀椰糖棕櫚糖，甜的有滋有味，厚實的甘味中彷彿見到椰子與棕櫚烈日下搖晃的樹影，就用這來平衡驚人的酸與辣。最後是必備的鹹——那就是富含蛋白質發酵後，鮮美胺基酸分子的魚露了。

如此豐富，如此奔放。溫暖的日子，就從味蕾先開始練習吧。

後記：柚子鮮蝦沙拉食譜與泰國料理學校

泰國新興的體驗旅遊方式中，很受歡迎的便是料理學習。

泰國料理像煙火絢爛的重擊，對初嚐的人（特別是西方人）來說，像一拳打到口舌與鼻腔，天，到底發生什麼事，只好上學去，讓料理老師從天地玄白說起。我去的Sompong Thai Cooking School坐落在住宅區巷底，出了捷運站，學校中人會開房車來載，省些腳程。不遠處有個當地的小市場、印度廟宇，本身就是當地人買菜及所在。雜貨店、烘焙麵包房、榨椰汁攤販一概不缺，加上老師充滿韻律抑揚頓挫的泰腔英語，簡緻說明原料差異，手勢語言華麗地像在眼前抖出一朵一朵穗子花槍，目不暇給。

而且非常非常地會鼓勵人——說明講解完畢，老師深吸一口氣，張大眼睛真摯看著大家：

「同學們！我們要開始了！請答應我一件事。」

「No finger, OK?!chop, chop, chop, no finger!（不要手指，好嗎？切切切，不要切到手指！）」

接下來，同學每完成一個步驟，不管如何手忙腳亂，料理教室的泰國老師和助手們，都會響起啦啦隊式的愉悅歡呼。我建議每個歷經辦公室繁務浩劫的上班族，都該來體驗一下，對於重建生活熱情應會有點幫助。

【柚子鮮蝦沙拉】

1杯白柚（泰國白柚為佳）、4隻蝦或50克雞肉、½根切小碎的大紅辣椒、1片新鮮檸檬葉，切成細絲（請先去除中間的葉梗，可用薄荷葉取代）；½顆切碎的新鮮紅蔥頭、½茶匙花生碎、1茶匙油蔥碎和½茶匙烤過的椰子絲。

【沙拉醬】

2茶匙新鮮的檸檬汁、1茶匙魚露、½茶匙棕櫚糖、½茶匙白糖、½泰式辣椒醬和½大粒辣椒粉。

混和醬汁成分，把蝦肉或雞肉燙熟，取出備用。柚子肉剝成適口的大小。把以上成分混和均勻，把口感脆脆的原料灑在上面（花生碎、油蔥碎），增加吃食的樂趣。完成！

三月二十四日 吃花

朋友在竹東二重埔的農園來了打工交換食宿的法國小哥一名，小哥名叫Quentin，二重埔操著客家海陸腔的大哥大姊們，熟人熟面地用諧音叫他阿寬。渴望亞洲炙熱雨陽光的阿寬，在台灣的一個月居然剛好是雨不停國的春雨，好在阿寬也不埋怨，認份地日日下田，插秧撿福壽螺洗機器，入境隨俗當個農人。

畢業於廚藝職業學校的阿寬，這日說好充當晚餐時段大廚，做了西式風味的烤杏鮑菇比薩、乳酪雞排當主菜，我有幸來到這圍繞著水田的農庄作客，自然也要露個一手幫忙囉。

春雨綿延，雖然惱人，對草木滋長卻是輕柔的撫潤。拿著籃子和小剪刀，到菜圃中看看有啥野菜可摘——龍葵、咸豐草、野莧都有，但此時多少冒出小小的花序，算是錯過最軟嫩的時間了，一抬頭，瓜棚點綴了不少鵝黃的瓜花，就吃這吧！

瓜類的花朵有雌花和雄花的分別，雌花下面綴有小小的圓潤子房，日後會長成豐腴多汁的瓜果，摘不得；雄花就是一個花柄上面開一朵花，除了提供雌花花粉，沒其他作用了，吃它正好，又雅致又美味！小時候母親散步時，會撿些雄絲瓜花回家沾雞蛋麵糊炸給我當點心吃。後來她嫌油膩不做了，小女孩時期摘花、炸花、吃花的記憶還是十分美好。

長大後，見識到歐洲菜市場有一味珍品：長得小瓜的櫛瓜花，餐廳大廚們通常在花內塞入新鮮白乳酪，整株連花帶果炸來吃，花苞填了受熱軟化的乳酪，好個爆漿的美味。我用阿寬做雞排沒用完的雞

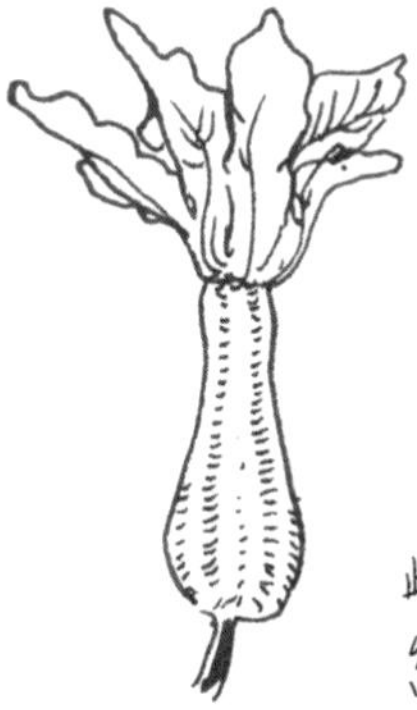

肉，快刀與乳酪片剁成泥，灑胡椒和鹽調味，也一小球、一小球地填到台灣瓜花的花苞內。

接著是調製清脆的麵糊——麵衣要輕盈，才不辜負了花瓣的纖細。秘訣很簡單：不要放水，雞蛋黃跟蛋白先分開，蛋黃跟低筋麵粉混好後，徐徐加入冰鎮的啤酒。啤酒帶氣泡，第一步保證麵糊充盈空氣，第二步蛋白打發後混入，確保麵糊中大量的氣體成分。拿花沾這空氣感的麵糊下油鍋炸，起鍋就是外表薄酥脆、內裡噴汁的炸瓜花啦！

後記：桌上圈養花

不知道什麼時候開始，養成桌上養些鮮花的作法。

鮮花跟乾燥花絕對是不一樣的，乾燥花會積灰塵，鮮花會老；給我選，寧可選鮮花，看它慢慢萎成乾燥花，時間作用在盛開身上的刻痕，而不是時間靜止需勤拂拭的乾燥花。鮮花讓人覺得目睹了一段時光——花一點點的錢，換一朵精華綻放，或路邊撿來的小草野花，在瓶內圈養它的美麗。

逝去總是讓人心碎，但把花草移到適當的瓶內砵內，讓它以合適的姿態伸展，變成目光的焦點，給予空間靈魂；實在令人衷心感謝呀。比如錫蘭橄欖總狀花序的雪白小花，芬芳辛香的野薑花，河岸步道上假人蔘細瘦桃紅的小花，紫薇花……裁剪不同的長度，放在或高或淺或闊或窄的容器裡，它就是世界上僅有的一朵花。

家裡放花，也有一個說法是，目睹了一朵花的美麗，不知不覺也會想把居家環境整理有條，以襯得上這朵花的餘生吧。

週末的夜晚跟剛分手失戀的小學弟說話，他還是很難受，在臉書上開了分身帳號，在心情忍無可忍怕傷害人或引起他人過多關心時，可以放心說上幾句話。其實我也有這樣的分身帳號，在跟上上一個男朋友分手時，申請了一個。後來人好了，就偶爾用來說些不適合太多人看到的小心情。

一邊吸著四海豆漿店的奶茶，一邊看著前面這個可愛的男孩，黑膠框，眼睛笑起來很和煦，牙齒整齊白白一排，深色襯衫，耳朵沾了一點昨天粉刷牆壁的綠油漆，討喜地像青春不覺落葉的小樹。發現不是耳環，忍不住伸手幫他弄掉。

「我女朋友……啊、其實她是我前女友了。」

「怎麼了？」

「就結束了吧，她覺得不愛了。」

「這是你第一個女朋友嗎？」

「對啊……」

「……覺得每次都能夠感到疼痛是好事喔。應該是吧。」

幾次回來，以為可以感受痛楚的部分都經歷了，練成銅牆鐵壁，後來發現還是會有沒有防守到的縫隙呢。能夠全然給予、還是很美妙的事……關於愛，危崖有花，還是會想摘呢。

三月三十一日

爲愛料理

小時候沒什麼帶過便當上學的經驗。

學校有團膳，媽媽又是職業婦女，跟著大家一起吃同樣的東西是自然的，只是有時會有點羨慕有媽媽送便當的同學，還可以央求家人買他喜歡的速食餐點給他吃。平時我的媽媽做菜首要準則是講求健康：橄欖油、亞麻仁油搭配水煮，薄鹽。我甚至認為她只會煮老爸要求的滷肉，實則不懂的牛排與肉食的真諦，不然不會煎出質地堪稱鞋底的肉片。正直青春期的我跟弟弟屢次丟筷子抗議：「嘴巴都淡出鳥來了，吃這些不如給我們吃草來得痛快。」媽媽不動如山，一本正經地說她的健康大道理，像餐桌彼端拿蔬菜普渡我們頑劣青少年的菩薩。

有段時間，爸爸人在美國。一人帶兩個小孩的職業媽媽更加忙碌，可說幾乎沒有多餘的心思發揮在廚藝上頭，她可能不記得了，不過我倒是記得那幾年我們家餐桌上最常出現的就是鮭魚豆腐味噌湯和燙青菜：簡單準備，優質蛋白質、omega3、青菜，做起來又快又不可能失手，拿來餵飽自己和稍微懂事的小孩是剛剛好。

我不知道這段營養均衡卻吃食單調的時光，是否種下未來我致力自己烹煮不求人的遠因——一個是精進的動機：吃的內容可以自己變化不再受制於人，一個是遵行的準則：再忙碌也要好好吃飯。但我想表達的是，餵飽自己、餵飽身邊親愛的家人這件事，為愛料理，是如此重要。我的媽媽在職業忙碌之時，都沒有真的拋棄過用煮飯傳達她照顧小孩的理念，我在工作討生活的同時，也沒理由不好好幫自己煮頓飯，愛自己、好好照顧自己。

這兩個禮拜，台灣發生令人哀傷的小燈泡社會事件，傷心的媽媽無力挽回發生在她眼前的慘劇。但是這位令人尊敬的母親在稍微回過神後說，還好，她有在每一天很好地對她的孩子說愛。或許我們過去基於羞赧或一些理由，沒有真的開口跟準備餐食的家人表達，不過這些食物在開口不言裡可能也蘊含了豐沛的關懷：感冒時上桌的薑雞湯、炎熱天氣裡解暑的綠豆湯……吃下料理，也就吞嚥下了關懷。如果你也想在料理中品嚐到愛的滋味，就別吝惜給對方一些暗號吧。

【媽媽的療癒系省工拿手菜：小冬瓜封鹹蛋香菇碎肉】
½個小冬瓜或1片冬瓜、1顆鹹蛋、3朵乾香菇（泡發備用）、100克絞肉、1顆蛋白、1茶匙蔥薑水。

先把絞肉打入蔥薑水，鹹蛋蛋白切碎混入碎肉，蛋黃備用。絞肉加入蛋白清，混打至黏性。塞入去除籽的冬瓜，上面放上鹹蛋黃和泡發的乾香菇。
入電鍋一杯水蒸到跳起來即可。可用醬油水調味一起蒸。

疲累的時候，就來碗富含維生素的糙米稀飯吧！
【喜相逢共炊糙米紅蘿蔔排骨稀飯】
豬排骨、糙米、紅蘿蔔切丁、當歸1片、喜相逢小魚。

豬排骨先燙去血水，糙米泡多點水，跟豬排骨放在土鍋中慢慢炊煮。紅蘿蔔切小丁，有助於釋放甜味，當歸增加幽微的香氣。米粒散開時加入喜相逢小魚，蓋上鍋蓋炊熟即可。

四月二日
虎豆

台灣口味吃豆子，綠豆紅豆大花豆，我喜歡吃甜的。

泡水後在爐上煮到軟了，加入糖，就是常見的綠豆湯或紅豆湯。夏天要喝解屬的綠豆湯，冬天來點薑汁紅豆湯吧。不過真的好喝的紅豆湯是還不多呢。鹹的，一粒粒吃的豆子少，還通常是綠色——比如皇帝豆、豌豆、毛豆。

男人一大早從冬天的被窩爬起來，上菜市場，回來喜孜孜說現在市場有虎豆呢。虎豆收成的季節大概是冬末到春天，稍大的圓腎型種子，上面有咖啡色的斑紋，因而得名。虎豆好吃在拿來湯中燉煮，吸滿鍋中肉品滋味後會更鬆軟美味。分手後，我自己也煮過幾回，買一包剝好的虎豆，放在冷凍庫，煮燉菜的時候放一把進去。常常整鍋最好吃就是鍋底那些豆子。

咖哩可放，櫻花蝦番茄燉豬肉也放過。

乾乾淨淨地吃掉了。

一般來說，大家都喜歡嘲笑英國人的味覺，覺得殺死食物兩次，一次生命，一次滋味。就這點來說，我卻想念英國早餐的豐盛澎拜——預算有限的學生旅行，總可以在早餐的臘腸、培根、馬鈴薯、茄汁煮豆中得到充足的蛋白質與澱粉撫慰。說來奇怪，茄汁煮白豆實在是沒那麼好吃的東西，不過嘛，就是莞爾吃了，放在馬口鐵罐頭裡，保證味道不變，平淡自抑但是時間歷久彌新般的食物，還可以出入戰場，帶著上船到遠方探險，因此特別覺得茄汁白豆是最能夠代表英國人日常飲食的食物之一。

春末的時候回到單身，拖著拖著，我終於也在夏天找好下個生根處。所謂搬家，在事物中做出必要的排序，捨去沒那麼需要的，留下珍貴必要的。我打開冰箱，冰箱有些存貨。要丟要留是很明確的，沒什麼好可惜。真正美好的食物都以新鮮為美，一如追求美好人生，留著過期的食物在也難滋養身心。不過我必須承認我實在是沒有做好。遺忘的角落，就看到那包自己買的虎豆。有點捨不得丟。

捨不得丟的心情到底是什麼呢？

是覺得丟了這包就要等到下個春季嗎？

理智說是也還好，總是有新玩意兒吃的。好比黑豆啊長豆菜豆啊。

瞇眼看著冰透的虎豆因為新鮮時保含水份，呈現帶點冰凍透明的質地。要關上冰箱門前，又拿出來丟到垃圾桶去了。

還有好多要收呢。

四月八日

四月好做梅

清明前後，是一年之中的梅子產季。

綠生生帶著絨毛的青梅，滋味酸冽，廚娘此時出動，以來自海洋鹽粒、和濃縮陽光甜蜜的蔗糖，去除酸澀滋味，釀成一罈又一罈的醃梅與梅酒。七八分熟的青梅十斤，約可做成一個小家庭一年的梅子份量。我做了一大罐醃梅，一罐匈牙利醋醃梅子，兩瓶泡漬青梅酒，兩瓶發酵青梅酒。耐心地貯存上數週數月到半載，就是好吃的醃漬梅食。

古人吃梅子，歷史悠久，且很早就領略到梅子的酸鹹甘味，古書《尚書．說命下》記載了一句話：「若作和羹，爾惟鹽梅」，就是說梅子跟鹽啊就像食

物中的光與靈魂，殷代的大王拿這個當比喻來稱讚宰相：「您就跟食物中的梅子一樣重要啊！」聽起來是不是很耳熟呢？莎士比亞筆下，李爾王的小女兒也拿鹽來形容她對父王的崇愛，只不過，顯然李爾王不是吃貨，這個形容冒犯了他；從這點，殷高宗看來就顯得通達人情了。

梅子的確好吃，開胃。而青梅事實上是酸澀難以入口的，若無時間轉化，便需要經過殺青的程序，去除苦澀的滋味。所以果菜批發市場賣青梅的，購買量大的話通常會提供殺青的服務，回家就不用以手一顆一顆與鹽搓揉。也聽過鄉下產梅地區，自家用阿嬤式脫水機幫梅與鹽殺青的。殺青完脫去第一次的苦水，梅子還不能直接用，要晒一下陽光乾燥，再與糖同醃，會再繼續出水發酵。過個兩天，原本青色的梅子此時都會轉變成稍微皺縮的黃綠色，酸甜滋味多了，但苦澀未除，還需要再倒去這次帶苦味的醃梅糖漿，重新加糖，方能裝罐。

今年因為氣候的關係，梅子數量很少。第一回找梅子的時候，睡晚了，十點到果菜批發市場，老闆一臉慵懶坐在貨物棧板上跟隔壁賣木瓜的閒聊，

「小姐，你來太晚了，明天請早。」

「要多早？」

「五點半就賣完了吧，吶，這個電話給你打電話訂。買十斤送殺青。」

老闆也特意說明，今年梅子的確長得不好，往年南投信義鄉肥碩的大個兒，跟台東山上野放的梅子大小差不太多。既然質地沒特別差異，那就選友善耕作的吧。還好，透過部落朋友介紹，訂到台東延平鄉的無毒耕作青梅。一半殺青醃梅，一半珍惜地用叉子在上面戳出小洞，或以高濃度米酒頭與冰糖做再製酒；或加入不同蜜源的蜂蜜和二砂，以天生天養發酵，每日均勻翻動，聆聽天然酵母滋滋冒泡做酒的聲響。我的脾胃，已經在期待熟成那天。

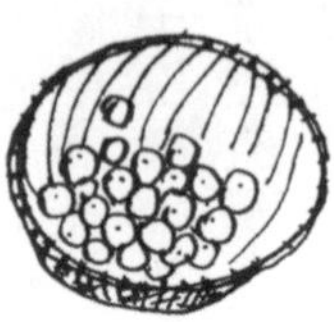

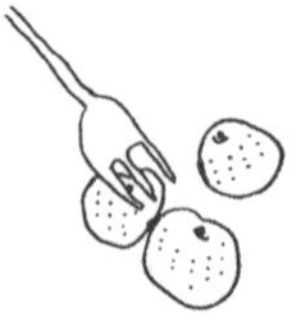

【浸漬梅酒】

殺青梅子 2 斤、糖 1 斤、米酒 1.5 公升、消毒過的大玻璃瓶（三公升以上的玻璃瓶）。

用超過 40 度酒精的高濃度酒體浸漬梅子，加入冰糖或二砂，讓天然清脆的酸味在酒精中圓融，大概泡一個月就能喝。要穩定，當然是時間越久越好喝啦～
把玻璃瓶中一層梅子、一層糖裝滿，倒入蒸餾酒裝滿，蓋上蓋子。罐子上貼上入藏的日期，每天搖動，幫助他們均勻些。亦可將蒸餾米酒換成威士忌，就是威士忌梅酒。

【發酵梅酒】

這個作法比較冒險一點，失敗的機率也略高。不過日本電影《海街日記》裡可愛姊妹們以母系記憶傳承的梅酒，就是這種作法喔！

把梅子洗淨曬乾，用叉子波波波地插出洞來，加入糖或蜂蜜，封罐，用你家天生天養的酵母把糖發酵成酒。一個不小心，過頭是會變成醋的；發酵的時候，也需要每天稍微打開讓瓶子洩壓。這個至少要三個月狀態才會穩定，前面第一個月，每日每日滋滋冒著氣泡呢。半年後、或更久熟成才適合打開來飲用。

你瞧，不然電影中離家的母親怎麼能夠在女兒們的悉心保存下，喝到外婆——她自己母親生前釀下的最後一鐔梅酒呢。
今年我做了兩樽，很奢侈地用上不同的花蜜：一樽百花蜜，一樽苦楝蜜。發酵過程中，很明顯感受到酵母活力類型的差異唷！啊，好想喝。就等她們好。

四月十四日
摘香菇

在民國五零到七零，台灣經濟起飛的年代，是台灣菇類種植出口的黃金歲月。彼時光是洋菇草菇罐頭的外銷，一年可以到達一億美元的外匯——黑暗菇房裡默默冒出頭的渾圓肥厚傘蓋，默默撐起農家副業的一片天。

台灣養菇種菇，可說是跟台灣稻作農業息息相關的農產。稻子收割後，收來稻桿，適當乾燥後，加入木屑等有機質發酵，便成為菌絲生長的沃土，可以直接架棚培養，或是放到俗稱太空包的塑袋中使用。爸爸曾經形容，幼時寒冷冬夜裡的農村，方是男孩的他，推開菇寮的門，黝黑的基質因為發酵產生的熱力，冒出滋滋的白煙，散發著稻草腐熟的氣息、彷彿人手觸摸會燙傷的溫度，另一邊是快速生長迸發生命力的菇傘盛開，如具體而微的縮時攝影，聽來場景如夢似幻。

這回，假探班的名義，到新北市平溪看前同事阿凱創業種香菇，從產地到餐桌走一遭，對蕈類養殖更是多了一層體悟。阿凱和他的夥伴，想使用台灣無毒的農業廢棄物——比如無毒農田的稻桿、高溫萃取後剩餘的咖啡渣、竹屑來當做培養的基質，讓農業的資材能夠更完整的循環利用。在北台灣尋尋覓覓，透過農會的協助，在平溪十分瀑布不遠處，找到一位老先生的菇場。老先生年事已高，顧不了那麼多的菇棚，就分租給他們使用。這兒水氣濕潤、山林蓊鬱，離車聲很遠而鳥鳴處處，在此鑽研怎麼種出好吃香菇，頗有點避世的雅興。

現代化種植香菇，會在基質發酵到適合的程度之後，取出高溫高壓殺菌，才會裝袋使用。蠔菇、秀珍菇、洋菇、香菇，基質所需的腐化程度不一。而蕈類的培養，說穿了，就是在有機基質上，不同品種菌落與菌落的鬥爭。好的農人如教育家，確保環境的潔淨與肥沃，滴入菌種，等待時光讓菌絲生長、蔓延、纏繞整個菌包。但蕈類若無外在的刺激，是不會冒出菌傘發育孢子的

——這時就必須因材施教，對太空包施以差異的刺激；香菇菌包要摔要灑水、秀珍菇需要時度以上的溫差刺激，才會紛紛出頭。非常有意思。

採菇就簡單了，用剪刀把香菇柄完整剪下即可。這天在菇寮午餐，我做了油烤香菇與根莖類、滷菇柄的生菜沙拉、香菇蘿蔔葉雪裡紅炒麵，茹素寫意的一餐。

後記：香菇到底要洗還是不洗

世人料理香菇跟自然生產派潔淨嬰兒的方法一樣分成兩派，洗與不洗。

不洗的理由，是擔心帶走與生俱來的香氣、蕈類的靈魂。旅遊生活頻道的幾位當家廚師扛霸子，傑米奧利佛（Jamie Oliver）和奈潔拉（Nigella Lawson）是主張不洗的那派。不過他們做菜也隨興佻達，不大能夠想像他們認真洗菜的樣子。

洗的理由，自然是怕表面髒汙了。台灣有些洋菇摘起來上面尚有紅土，就得輕輕洗去。在盛產蕈類的雲南，夏天多雨溫暖的時分，當地白族人紛紛背起籮筐上山徑摘野蕈子。雞㙡、乾巴菌、牛肝菌、松茸、虎掌、雞油菌，甚至地衣，都逃不過愛吃菌子的白族人掌心。有一年我在雲南大理做研究調查，寄居處的彝族大媽教我用長滿絨毛的南瓜葉片，當做輕柔的菜瓜布來洗去菌子上的塵土。山頭田畝裡，摘了幾片臉盆大的南瓜葉，摩挲早上趕集買來的小松茸，洗去塵土（用刀削太浪費了）。慢慢地，領受山邊溝渠的水，松針中吹過的風，生核桃果掉在地上的聲響。大概就是雲南田野日常的記憶吧。

蕈類我還是喜歡吃有點香氣的，比如我覺得白精靈菇空有口感而無滋味，吃過一次就不想再試。在台灣，乾貨甚至用的比鮮貨多，拿來做湯頭、炊飯很方便。要留心的是，蕈類普林偏高，在家裡要考量長輩身體健康，得節制使用。

四月二十二日

跟著南記行阿姨學做菜

逐漸走入暖日的春天裡要吃什麼？新竹乾貨傳奇商家南記行傳人說，吃甘蔗燉羊肉湯最好。

因為參與新竹北門街上文化資產建築周益記大宅修復振興的工作，認識了擅長乾貨與食材的邱阿姨。氣質婉約又幹練的邱阿姨，是新竹東門市場裡乾貨商家南記行的女兒；小小的南記行，是民國二零到九零年間新竹最重要的南北乾貨行。乾貨行的女兒，跟著家人品嚐分辨乾貨與南北雜貨好壞，對當年空軍眷村黑蝙蝠中隊來自大江南北太太們的家鄉廚房熟稔，也在第一批來新竹清華大學教書的留洋歸國年輕博士手裡，嚐到外國帶回來的水果糖與巧克力。從日治時期走過經濟起飛與新竹戰後的建設，僅僅靠著說食物，就足以勾勒出一片

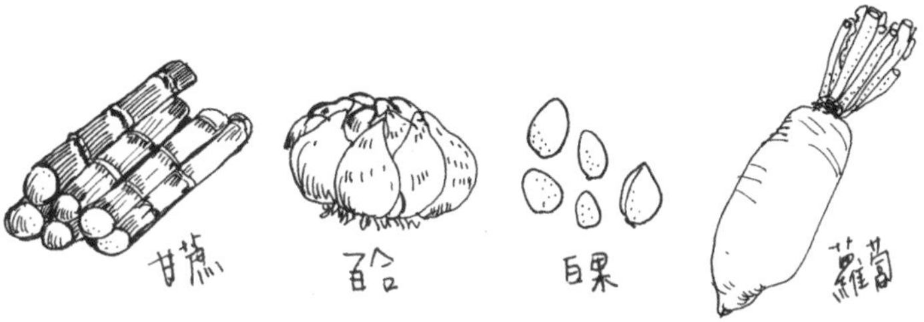

新竹城市發展的面貌。

這天邱阿姨傳授了一道甘蔗燉羊肉，是十分滋補適合春日食用的料理。跟我們一起拜訪南記行邱阿姨的，是同為新竹大家族子弟的周益記周先生，周先生興奮極了，直說這是他父執輩念念不忘的時代美味，連他自己都未曾嚐過，這下可要好好把握！

甘蔗燉羊肉湯的主要元素就是甘蔗與羊肉。甘蔗頗能說明台灣曾經蔗糖業的風光年代，取生鮮的甘蔗，白甘蔗為佳，放在鍋底，上頭才加入白灼過去羶的羊肉塊。甘蔗墊底，還有避免食材黏在大鼎底部燒焦的用意。但是邱阿姨耳提面命，雖說羊肉溫補，但飲食最當心就是細心調配以免上火，否則食補精華不能全數攝入，實在可惜。因此她細心地調配加入一些涼補清新的食材：銀杏白果、新鮮百合、蘿蔔，中藥只放入一片當歸帶來悠揚隱約的藥引氣息。

當歸和米酒，在食補裡都有提領身心氣息，具有藥效帶路之效；一手倒入米酒，一手徐徐攪拌，讓這鍋食補慢慢地燉煮到羊肉軟爛出味，加點鹽提味，即可起鍋食用。

後記：老街生活

過去人們深恐房子老了，要當街坊第一個翻新成高樓大廈的人家。現在人們以老街為美，陳的夠久，日治時期的建築美學，巴洛克風格的山牆，磁磚與水泥撲石子花，一棟連過一棟，跟著碩果僅存的老市場，在文化資產保存的意識下，成為每座城市的風景。

台北的老街是屬於城西的迪化街、萬華剝皮寮一帶的，新竹的竹塹老街非城隍廟旁的北門街莫屬，台中市嘛……第五市場的風情、或是南屯萬和宮旁的老街，都頗有可觀之處。只是，三地的命運大不相同——台北因為都市發展更新的緣故，原本就富裕的迪化街南北商行舊時富麗的門面被保留下來，一些繼續經營乾貨生意，一些因為容積轉移獎勵，空出來讓文藝商店及人群進駐，每年舉辦一九二零年代風華活動，不啻為台北首都人群追尋人與盆地河流身世的一條美麗街區。

然而，老街對貪吃鬼如吾輩來說，最重要的是，老街這種具有城市開發老聚落軌跡的所在，小吃才是好吃的。恕我唐突，台北城東哪有什麼真的好吃有滋味的小吃店家呢？模仿和致敬的有，沒有真正的地氣。新竹也是——被喻為美食沙漠，問工程師朋友什麼夜宵最好吃，對方愣了一下答「麥當勞！」，憨憨地笑開懷。差點沒被氣死——往老街老廟附近找去啊，有神明和老人坐鎮，食物滋味能騙人哪？

食材日常怎麼用？不需要問大廚，就問這些日日面對主婦採買的南北雜貨行老闆娘。像新竹南記行的邱阿姨。

哪間小吃最好吃？到大稻埕慈聖宮的廟埕，一家點一點湯水炒飯羹麵，在廣場石獅和垂榕的注視下，慢慢校準對於小吃美味的體會吧。

當然，還有當我覺得在不同都市求活「流離失所」、不知和所依歸時，這些老地方、沿著河流或是水圳蜿蜒而生的老聚落小食，最能給我安心的感受。

【羊肉湯】

帶皮羊肉兩斤、甘蔗兩節、新鮮銀杏白果半碗、當歸片 5 片、新鮮百合 3 至 5 顆、小隻白蘿蔔一根、米酒適量。

四月二十七日
桑椹果醬

春天的尾巴，是迸放的瀑布蘭，是新生小小的黃瓜，是滿枝滿椏的紅黑桑椹果實。

台中家裡牆上蛇木掛一排瀑布蘭，差不多這時候就開花，粉紫和纖柔的白色，一年且看這春朝。差不多的時候，桑樹也結果了；桑樹結果首先長出嫩綠色小小的果實雛形，吐出白色的花蕊，花蕊謝去，果實膨大，顏色由綠轉成粉紅色，接著是櫻桃紅色、紫黑色。桑椹若要生吃，在變成紫黑色前，都不怎麼適合直接吃，味道太酸了。

台中都市中家裡本來有一棵桑樹，桑樹實在是很忠誠的果樹，時間一到，就果實成串，唯一要擔心的，是都市中紫紅甜美果實難得，人要跟鳥爭食。天剛亮，綠繡眼、麻雀在一樓高的桑樹上跳上跳下，鳥鳴啾啾，也是風景，所以我們家還是會認份地撿鳥吃剩的吃。後來感受到小院子有限，我們就把這棵多產的果樹移回彰化八卦山脈下的老家，希望它長得更大、更好，成為更開心的植物。

八卦山腳旁的老家，斜坡上的土地很肥。移植過去不但適應良好，到了隔年，不但照樣結果，根本是桑椹瀑布般爆發，來不及摘的黑熟桑椹，一搖動枝椏就掉到土裡，化成養分，更護花。但從此我們摘桑椹就是惜福開心的摘，不求摘盡，但求品嚐季節美味。

後來，鄰居看我們家桑椹樹扶疏，也紛紛在路邊種上桑椹樹。到了春夏，滿枝嫣紅發紫，摘都摘不完。

這次回彰化老家，央求阿嬤陪我摘。阿嬤過去常跟阿公鬥嘴，前幾年阿公過世了，她一開始有點發怔，後來身體就急速衰敗，免疫力一度非常差。心情低落時，說她覺得她會死掉，指著嘴角的皰疹，彷彿在說她後悔最後的時光仍跟阿公鬥嘴。她靜靜流眼淚，我也掉眼淚，心疼老人。她也不要外籍看護，聽她們說口音太重的話，沒耐心；不會做素菜。發脾氣，因為語言障礙，覺得自己被欺負、遺棄。還好後來叔叔找到這個看護阿姨，阿姨是一貫道的，本來就吃素，妥妥貼貼又俐落，把阿嬤照顧好。慢慢的，健康和精神都好起來了。

這天我們與看護阿姨，開開心心摘了滿籃的桑椹。清洗好，加入糖與檸檬汁醃一碗出水，小火熬煮，就是好吃的桑椹果醬。

後記：桑椹的味覺

曾經跟味覺靈敏的果醬師父討論台灣什麼水果，拿來做果醬是失之交臂的可惜。帶著圓圓膠框、書卷氣的前果醬師父馬場想了一會兒，正經說，「桑椹是一個，甜柿是一個」。

不是說這兩者不能做，相反地，這兩者都富含果膠，很容易做出凝膠的果醬質地；難在味覺與生鮮印象的平衡。桑椹果實的甜酸拿捏不易，有的黑了，放到嘴裡還是酸的；甜熟的桑椹，往往一碰就掉落地，摘下來也很容易發霉，要量產成果醬實在不是容易的事情。甜美脆口的甜柿，枝上軟熟風味絕佳，但放在火上熬煮後，甜柿因為絲毫不帶酸味，生食時迷人的清新滋味消失，煮著煮著反而會出現一絲糖分與澱粉加熱後、像是蜜甘藷的氣息。好吃是好吃，只是，彷彿水嫩的甜柿換了眉目，人在，心卻不在了。

雖然我們有這兩種美味的水果，卻少有相關的市售果醬產品；是也無妨，那就自做吧。輕手輕腳，拿剪刀剪去桑椹蒂頭，用不多於水果重量的糖，擠上檸檬汁調整酸鹼協助釋放果膠，醃漬上一晚出水，隔天再來熬煮，一滴水都不用加。

我的母親做桑椹果醬很有心得，她不只撿取黑熟甜美的，帶紅的她也會備上一些。黑熟甜美的因為多汁柔軟，熬煮完怕只剩中間芯的口感，她會先用果汁機打碎；剩下的沒那麼熟，熬煮完還有漿果的口感，搭配起來，非常好吃。

【桑椹果醬】

桑椹（黑的打碎，紅的也要浸漬一碗後才熬煮）

糖（白糖、細冰糖為佳，不干擾桑椹味覺）：份量為桑椹重量的1/3至1/2。

檸檬（檸檬汁用來調整酸甜、協助出果膠。檸檬皮一併刨入添加香氣層次）：一斤桑椹約用一顆檸檬。

水果中的植物色素以及風味化合物對於熱相當敏感，一旦加熱時間超過30分鐘，香氣就殆失大半。因此，「縮短加熱時間」、「達到適當的質地水分」，同時「滿足殺菌條件」，關鍵在溫度與時間的平衡！

你問平衡要如何拿捏呢，這就是技法與經驗的累積啦～每罐果醬根據水果特性，製程也大不相同！大致可以分三大烹煮方式：

一次烹煮法

醃漬法：水果與糖醃漬30分鐘至1小時後（有時可長至12小時）一起烹煮。此法適用於水份較少的水果。

二次烹煮法

分煮法：前一晚將水果與糖先煮過，醃漬一晚，隔日將糖水與水果分開，煮糖水至適當溫度，再加入水果。

此法可防止水果在烹煮製程過於軟爛，並保有口感，適合水份多的水果。

並煮法：與分煮法相同，第二天製程則是將水果與糖水一起煮至所需的溫度／糖度。適用於口感較硬、水份較少的水果。

煮糖法

最能保持果肉口感與水果風味的煮法。快速烹煮避免讓果醬產生焦糖化或糖味過重的問題。此製法是將糖與水製成煮糖，溫度維持115~140度。

此法也是一般糖漬師（Confiseur）最常使用的方式。

五月六日

南歐風九層塔拌小卷

天氣越來越有夏天的樣子了，就想吃海鮮料理。

不只是想像中在海邊吃海產，充滿夏意的豪邁與暢快，這時吃點貝類、軟體動物，像是章魚、小卷、軟絲、牡蠣，這些柔軟帶點透明的身體在大海中伸展，或是藏在堅硬的殼裡，不但是有精神的料理，也很符合時令。

記得幾次在海港看到活生生剛打撈上岸頭足綱軟體動物的經驗，半透明的身體下面，體液和色素點點猶變換著顏色，手指觸摸，被碰觸的那塊肌膚瑰麗的色彩就變了，彷彿被人的體溫灼傷。加上那漆黑的大眼睛（據說頭足類有非常巨大的神經突觸，適合作實驗），真讓人有點不忍吃入口。不過一般來說，這樣的生猛海產，在都市或是小鎮內陸都是比較難見到的，嘴饞的消費者也不用覺得太可惜，海鮮的蛋白質比較容易腐敗發腥，現在一些漁船船上有急速冷凍設備，凍好了，宅配出貨，網路上訂購送到家解凍一樣非常新鮮優質。或是在離海遙遠的都市菜市場看到的粉紅色小卷，這已是經過沸水白灼過的色彩，買回家稍事處理就可以吃了。

今天做的這道南歐風海鮮料理，沒什麼難度可言，無需開火，很適合夏天想來點輕食的朋友。

這回來吃飯的朋友是獨立出版的股東夥伴們。

這年頭出版很難做，書很多，市場一樣小，我卻在今年的新希望裡，傻裡傻氣、理直氣壯地成為獨立出版的股東。我想是贊同這些夥伴選書的堅持，和對於「書」與作者傳達意念的肯定。是否，多少有在別人身上看見自己，也想以資方的身分對書這樣的文化商品盡情的任性呢？略過不談，當了股東我還是得繼續工作養活自己，並不是可以分到華麗菜尾羹的那樣的賺錢股東角色。而我這些讀書人朋友，初抵我家顯得有點拘謹，放開了又老不正經地要我娓娓道來說明菜色技法，譴責我怎麼菜做完端上來喊聲開動、就自顧自吃了起來呢？

「不然呢？」我停下筷子一秒鐘。

「你要介紹料理手法啊。」

「又沒要賺你們錢，廢話少說。吃！」

大家都笑了。

咳、首先，把買回來的小卷清理好——洗淨後，將觸手跟長得像帽子的部分分開，帽子裡有一片半透明的骨板，這塊不能吃，要把它抽出來。接著用擦菜板片洋蔥薄片，洋蔥片用流動的涼水沖泡，可以有效降低辛辣感。醬汁的部分，拿橄欖油和九層塔與大蒜打碎，變成油綠的九層青醬跟小卷和洋蔥混好。我為了增加果香口感，還加入了半顆撥下的葡萄柚果肉、檸檬片，再灑上一點點大蒜乳酪。就是非常適合夏天食用的海鮮料理了。拿來當做宴客的第一道菜式，搭配啤酒，大家都非常開心。

【九層塔涼拌洋蔥小卷】
燙好的小卷、洋蔥、葡萄柚、大蒜乳酪；醬汁（九層塔、橄欖油、大蒜）。

五月九日

餐酒搭配的真心

英文裡常比擬食物與酒的搭配是marriage（婚姻），中文人則喜歡說是跳「雙人舞」；我看這兩者都成，前者帶著許諾的意味多點，後者逢場做戲的成份高些；哪個喝酒吃飯的場合不就是這兩者的綜合——有時候許諾，有時堂皇曖昧，說些快樂直朗的話，說些浮誇的誠懇的話，全部都帶上真心。語言配著食物與話語大口嚥下，生活又走一遭，有你，有酒，有吃的，真好。

自己認真規劃餐酒搭配的開端，其實是跟金色三麥（金色三麥啤酒品牌已於二零一六年十月更名為SUNMAI）的合作。

以往是自己好玩嘗試的多，瞇眼喝一口葡萄酒，嗅聞舔舐味覺與氣味的光譜，搜羅腦海中深深淺淺的記憶。跟什麼食物才可以來一段這樣又浮誇又真心的甜蜜旅程呢？丟掉書本，相信自己的味覺經驗，通常不會有太大的差錯。錯了也沒關係，菜少吃一點，酒多喝一點，還是能夠完全操之在己。

第一次合作，是一支以辦桌為名，九層塔香草為滋味，講求傳遞台式熱鬧共餐的啤酒。他們大概是我合作過的廠商裡最認真的，邀我去酒廠試酒、看廠房與原料，嗅聞不同的酒花滋味。台灣不產酒花，一般進口的酒花，通常是壓成像飼料的粉末錠狀，眼睛會放電的釀酒師瑪西笑嘻嘻示範用手心捻壓這些綠色酒花錠，體溫讓酒花含有的精油物質在昇溫後散發出濃烈的香氣。形成了啤酒風味的基礎。總之，為了搭配這支酒和熱熱鬧鬧的台式氣氛，我回家煮了一大桌台菜，有菜脯烘蛋、滷水拼盤、新舊老蘿蔔雞湯等來搭配它。邀來同桌的客人有一位同齡帶著女兒的年輕編輯媽媽、一位常跑選民服務的青年政治工作者，和家裡從事餐飲相關行業的大學同學。（都是非常見多識廣的食客典型）

他們咸認為這樣一支用酒花以及九層塔堆出飽滿香氣的啤酒，滋味微苦清涼，在搭配台菜路線的滷水鵝、粉肝時表現也極為優秀，能一進一退地跟油鹹香的菜脯蛋跳恰恰。配台菜，就是它了。

人適性就能表現的恰如其分，酒也是這樣子的。先真誠地喝它一口，認識它的長處與短處，和勾動個人經驗的特色。再跟食物組合出適合的模樣。

有了第一次的經驗，金色三麥過了幾個月，不怕死地邀請我來幫他們設計一套全口味十二支酒的餐酒搭配，還搭配大型活動。這回就更認真了，品飲試酒是除了上回認識的瑪西，還加上坐鎮酒廠的德國人廠長Chris。我的緊張在於，釀酒師們就是活生生一些以五感嗅覺、味覺、視覺為專業能力的人們呀，要用食物跟這些高人說說話，怎能不謹小慎為呢？作為一介廚娘，自己也深深覺得在跟專家品飲討論的過程中，總學到很多。至於怎麼傻呼呼出了一百二十人份的餐點，又是另一個故事了。

回到前頭說的，餐酒的搭配，首要能品飲出酒體的特性，然後再挑選適當的菜色來凸顯特色、飽滿風味，最好還要降低弱項的彼此干擾。強烈對強烈，雋永對雋永，以呼應、互補的邏輯來思考食物跟酒的組合。

好比，酒花加多的酒，酒體常清洌偏苦，解法也不難——搭配富含油脂或蛋白質成份的食物，重口味的食物可以有效提高品飲和吃東西的適口性。像是精釀界啤酒狂都很喜歡的IPA（Indian Pale Ale），或是近年流行的茶啤酒（Tea Ale）特別是美系的酒款，酒花都下的比較多，開瓶後如香氣奔放的小炸彈。有些女孩子可能不耐這苦，但如果用來搭配像是口水雞、XO醬之類的食物就十分合拍。因為油脂和蛋白質可以有效緩和味蕾的感受。港口男兒這支以台灣南方港口茶入酒製作的啤酒，我會拿XO醬與白乳酪來搭配它。

也好比，味道溫和容易入口的酒款，比如金色三麥招牌的蜂蜜啤酒，它使用的龍眼蜜，饕客絕對一飲便知，在蜂蜜啤酒裡也是屬於非常有亞洲和台灣特色的一支，因而獲獎連連。如此老少咸宜的一支酒，就代表著配日常的飲食都很適合。在搭配上，我刻意選擇了白芝麻梅子味噌小黃瓜，以清新脆口的酸甜，來呼應台灣蜂蜜的濃厚甜蜜香氣。這個搭配，也是幫素食的啤酒愛好者找點嘴饞的出路。

還有其他組酒款跟食物的組合，不在本文贅述——其中有部分已經進入金色三麥體系開設的酒吧菜單之中，有興趣的朋友可以前往嘗試看看。而針對那些無暇前往，或想自己組合餐酒搭配的朋友，不妨試著透過品飲，先了解確認酒款的特色、再以互補與呼應的原則選擇食物的搭配，想必也能設想出具有個人風格的餐酒搭配喔。

也或者，喝啤酒講究的就是痛快。食物什麼的，先喝幾杯再來想吧——胃口自然會點菜。適飲性（Drinkability），就是一切搭配的答案。

攝影／謝宏奕

五月十二日
深夜女子吃豆腐

週間晚上的時光做什麼好？

年過三十，自己的身體自己負責。因為怕增加膝蓋太大的負擔，近日基本上我多聽從弟弟建議，採取游泳運動，想說體重減輕些再來跑步走路。游泳挺好，雖然游得不快，但藉著滑順的水流和浮力，慢慢地將身體滑過水面，以柔和的份量，全身都運動到了。游完再去烤箱中蒸烤，想想要做的事，也是平靜。不過這天沒游泳，女朋友們下班前傳訊相約，就去健身房吧。

健身房大概是都市裡才會頻繁發生的現象，鄉村的人們似乎不需要付錢特別去哪裡運動的——健身房裡，吹著冰涼的冷氣，被辦公桌模塑僵直身體的人們，專心地在健身器材前揮灑汗水，一點點鍛鍊模塑身體的形狀——加強耐力、增加柔軟和韌性，為了更強壯，為了更美麗，人們這樣修正打造著自己肉體。

我們蓄勢待發，一身勁裝，背條毛巾，拿瓶水，推開門，準備迎接今晚熱烈的身體勞動。工作人員卻在此時哨音響起，「小姐，要穿運動褲才可以啊！」我的朋友穿的褲子是彈性褲，因為不夠符合入場服裝標準，難得上健身房的兩人，就這麼被退貨了。

長吁短嘆，收起背包回家煮飯，跟自己說，沒運動到，更沒有吃大魚大肉的理由。女朋友說「不可以煮熱量高的東西」，好吧，那就吃青菜豆腐吧。

我喜歡傳統板豆腐多過盒裝嫩豆腐，板豆腐紮實的豆香和口感，覺得吃來更有滋味。今晚的深夜料理，作法很簡單，把豆腐切成適當的大小，塗上味噌醬放到烤箱一百五十度烤個二十分鐘即可，就是田樂風味的烤豆腐。

將市售味噌醬舀一匙出來，加點二砂或黑糖，淋點麻油，攪勻，即是適合烤蔬菜豆腐的沾醬。有別於烤好後才沾來吃，一起送入烤箱，高溫梅納反應更能增添焦糖風味。不只沾素的，配肉類其實也好吃。推入烤箱，設下時間，放熱水洗澡，出來就可以食用了，單吃、配啤酒皆宜。是很適合都市深夜女子的簡便料理。這次連切片的茄子一起料理，烤好的豆腐裝在手燒陶碗中，再把茄片捲起來放在上面裝飾，日常雅興莫過於此。

梅納反應

糖或澱粉，與含有蛋白質或胺基酸等成份的食材，一起高溫烹煮後發生的反應。產生除了豐富的香氣和滋味。根據《食物與廚藝：奶、蛋、肉、魚》一書，梅納反應會產生：鹹香、花香、洋蔥味與肉香、綠色蔬菜、巧克力、馬鈴薯與泥土味、以及焦糖化的香味。

後記：吃豆腐

豆腐據說是偏寒的，這是因為古早作法裡面加了石膏的緣故。石膏是寒的，豆腐也就寒了。中醫有時候會叮囑我少吃，我太喜歡豆腐，盡量當成耳邊風徐徐吹過，暗自心想，我煮成溫熱的吃，對身體也就平衡了吧？凡鍋物裡不放個豆腐吸潤湯汁不開心。

我的老師有道豆腐小食的作法簡單，但出乎意料的美味。把市售的板豆腐切塊好，放在碗裡，淋上一點好醬油，太濃就補點水，放到鍋裡大火蒸過。照理說豆腐本來就是熟的，不過因為使用豆子品種的差異，豆腐味道難免有些生豆莢味。大火同豆油炊過就沒這個問題了，味道還會融合而圓滑起來。這樣的醬油豆腐即使放涼了也很好吃，本是同根生，火裡來，水裡去，滋味就上了層樓。

五月二十日
鮮蝦毛豆泥

台灣農產裡的超級亮點，非毛豆莫屬啦！

毛豆種植在高雄屏東一帶，有「台灣綠金」的美名，更是農產外銷小尖兵，每年產值高達二十億，日本每四包毛豆中，就有至少一包毛豆來自台灣。像是便利超商中販售的即食毛豆，就常見台灣生產的毛豆。

世人常以為毛豆、黃豆和大豆是差異很大的三種豆類，其實不然，毛豆乃是食用大豆豆莢約八成熟、猶青嫩時採收的果實。這個時候的豆莢啊，還毛茸茸的，「毛豆」因而得名。統稱為「毛豆」，其中在台灣又可細分成幾個品種，近年來台灣培育出叫做「茶豆」的新品種，皮膜顏色偏褐色，個頭小，但帶有芋香，看到時不妨一試。

毛豆含有優良蛋白質，脂肪少，是很健康的食材。菜市場裡可以買到新鮮撥好的毛豆，超市裡也買得到水煮好薄鹽調味的冷凍包，放個幾包在冷凍庫，嘴饞或是料理加料都點睛美味。今天晚上因有客人來訪，在其他大菜還沒做好的時候，使用毛豆快速地來做一道清爽精緻的前菜。配限定版的總統就職啤酒一起食用，非常開胃。

日系居酒屋都會附上的毛豆調味是這麼做的：水煮毛豆莢、以鹽巴、大量的蒜末以及黑胡椒混勻。人吃的是莢裡的豆子，而調味來自唇舌舔過的是莢外頭的細毛和殼，配上充滿泡沫的啤酒；一連串饒是細膩的口腔觸覺體驗，把人從上班的情緒中拉出來。下班後，分心之必要，過癮之必要，吃東西轉換心情儀式之必要。毛豆就大概就是為此而誕生的吧，老闆，請再給我一盤吧。

將毛豆以滾水煮熟，或冷凍毛豆解凍後，加入一點奶油、一點冰箱中的優酪乳，一咪咪鹽，用果汁機或食物調理機打碎。不需要打得很碎也沒有關係，滑順青翠的毛豆泥中混有顆粒的口感，更能增添口感的變化。秘訣是加入一片九層塔葉，可以增加清新的風味層次。

同時，用平底鍋煎或水煮一些蝦仁，以鹽巴和胡椒薄調味。毛豆泥在碗中填滿，倒扣到盤中成飽滿的一綠丸，上面放上處理好的熟蝦仁。就可以端出來給賓客們享用囉！這是融合日式和西式，又很台味的料理滋味呀！單吃、或是拿來抹法國麵包，都很適合。

今天用的蝦子是胭脂蝦，胭脂蝦屬基隆漁船遠洋撈捕的項目，價格不算便宜，但色澤鮮紅、生吃甜美，熟食蝦味十足。老同學小玉特別喜歡這種蝦子，他做燒賣、包餃子都會用上。因為這道小菜是做來同老同學一起吃的，希望他也能在其中吃到一絲心頭好的滋味，將牠點綴在清爽調味的毛豆泥上頭，綠中點紅，是心意也是相得益彰。

後記：薄荷這一味

我的朋友，創辦《眉角》雜誌的美好小姐，看到這道食譜後依樣畫葫蘆，但把九層塔換做了薄荷，光想就十分美味，帶上了南歐風情。

五月二十七日

初夏利濕：四神湯

今年的梅雨季遲遲沒來，像是雨雲在北方錯過了往南列車一樣。還是今年台灣梅子生的太少，喚不來名正言順的梅雨？

都市居民不得而知，卻在悶熱氣溫中，眾家室外的冷氣壓縮機開始嗡嗡地鳴轉中，得知夏天的腳步。當然，街角公園的月桃樹叢開出瑩白吊鐘般的花朵，也是一個無聲卻噴發香氣的訊號。

初夏的節氣是小滿跟芒種，飲食起居上，要留心是否會因為暑熱缺乏散熱機制而中暑。經過涼爽的冬春兩季，身體要開始習慣排汗調節消暑。我自己是每逢夏天就很容易中暑頭暈的人，除了要多喝水，上火了就得適當刮痧解火氣，有汗則流，會好些。

這真是兩難，平常工作時覺得滿頭大汗見人不夠禮貌，因此常備具乾爽效果的芳香濕紙巾。但一不流汗，與日俱增的熱氣水氣，在五臟六腑流竄，惱人傷身。我除了增加運動強度，增加身體的基礎代謝能力外；最重要的，這時候就來帖利濕的食療四神湯吧！

四神湯相傳原名「四臣湯」，指其中主要使用的四味中藥材：淮山、芡實、蓮子、茯苓。這幾個藥材的顏色，剛好都是粉白的顏色——本來白色在五行食療中，對應的大器官是肺，有減緩過敏不適的效用。而四神湯這個方子，特別突出的是去濕的效果。晚上吃飯前，走過巷口的中藥店，就順道進去抓個一帖四神湯的材料。跟老闆說要個一百塊，就可以煮上一鍋。台灣小吃攤上的四神湯，喜歡加入薏仁來調整口味，取代價格較高的芡實。薏仁也具有美白除水氣的效果，口感滑潤，要是喜歡，也可以囑咐中藥行老闆放一把；四神湯這方子出現的時代晚，不超過二百年，比例隨喜，米酒增味隨意，是很快就深入民間的日常食物。

一邊等抓藥，一邊跟老闆抱怨。

「四神湯一定要放腸子不可嗎？我不喜歡吃腸子。」

「也可以放豬肚啊！」

「不好清洗嘛。」

「那妳加排骨、雞肉煮都可以，單單煮水喝也可以！或加冰糖喝甜的！」

「就是要排水才抓四神的方子的，加糖，糖吸濕氣耶，不是白煮了。」

老闆聽了呵呵笑，直說，看不出來妳這年輕人懂這食療概念。這是當然了，藥食同源吶！

後記：成爲一個料理內臟面不改色的女子

接下來要討論的內容，超越一般少女對廚房應該熟稔的範圍。

我們要說的是，怎麼處理內臟豬雜，這些會放到四神湯裡面的食材。

我不大愛吃腸子和豬肚，所以基本上可以假裝沒有這個困擾。基本上是個割地賠款的概念——我怕，不吃不做總可以吧？但，其他好胃口的女孩怎麼可以輕言放棄呢？一般來說，豬肚、豬腸跟熟稔的菜市場豬肉攤清早購買是最好的，前幾天說，豬肉攤甚至可以代為處理到一個程度。但如果你壓力很大，想挑戰恐怖片的日常習作，可以試著自己處理看看。我一位兇猛的女朋友，就曾經在異鄉教師實習期間，百般聊賴在夜裡揪夥處理豬腸豬肚做飯。

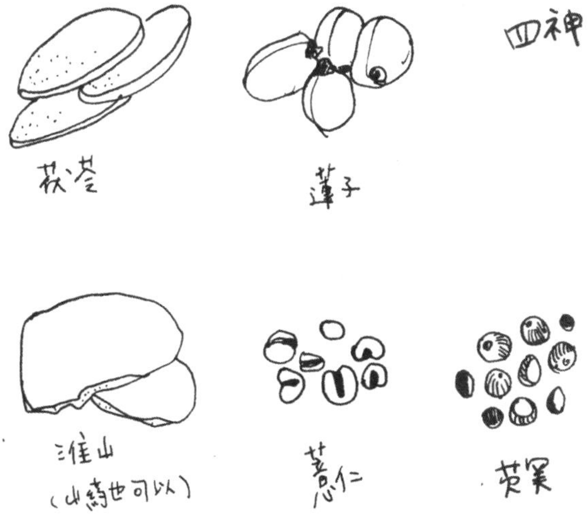
四神
茯苓
蓮子
淮山
(山藥也可以)
薏仁
芡實

五月二十八日
暗時十點的甘露煮

一天將盡，在餐桌前用筆記型電腦，快速瀏覽頁面，收拾一天雜務與心情，等待室友返家。鼻端沒閒著，嗅聞空氣中淡雅甘甜的香氣，爐上正小火烹著香魚甘露煮呢。

香魚是中國、日本、韓國獨見的淡水魚種，生活在清澈的溪流中，以刮取石上青苔為食。台灣中北部山區溪流曾經遍布這種散發著清新哈密瓜香氣的巴掌大小魚，細緻的白色魚肉、微苦的肚腹，即使有細微的小刺，但這可一點都難不倒擅長品嚐全魚料理的台灣人，一點一點拆吃入腹。享受吃魚的樂趣。

但也因為好吃，人們是不會錯過涓涓溪流裡這樣美好的食物的。在無所不用其極的濫捕下，香魚在野外一度大幅地減少，距今五十年前甚至發生過捕獲量零的慘況。台灣的水產試驗所為了因應這樣的狀況，積極地發展香魚的養殖技術，除了供給食用商業養殖，更重要的是復育溪流裡的香魚。還好到了民國八十年左右，復育有了成果。如今，宜蘭冬山鄉湧泉生態養殖有成，消費者很容易買到清淨流動水源成長出來的美好香魚，同時也不會影響到河流生態環境。是可以安心食用的魚種。

話說香魚料理，魚類最好吃的方式還是用烤的吧。奢侈一點用炭火慢慢地烘烤，家常一點，放在烤盤裡，魚身下墊上幾片薑，離盤水平面高一點，烤到魚皮泛黃噗噗冒起小泡，就是甘美纖細的烤香魚。此時最適合搭配米做的酒，移動筷子尖，挾起魚皮、掀起魚骨、挑起魚肉，也別忘了魚頰上那兩塊嫩肉，細細地下酒飲用。日本米麴釀製的清酒、台灣農家釀造的米酒，米食文化圈的魚食搭配上米酒，真是高級的享受。無獨有偶，日本酒米山田錦釀出來的美酒，也飄散瓜果香氣。拿此好酒搭配好魚，不失高雅相得益彰。

但要是像我這樣白日需奔忙的工作人，的確沒有雅興日日等待炭火現烤。

不妨一次多烤幾隻，吃不完的，放到鍋中以黑糖、柴魚醬油、味霖、紫蘇梅汁調配的醬汁中微火熬煮，上面覆張烤焙紙使汁液均勻浸潤，煮個一小時，骨頭尾鰭酥去即可食，就是放涼冰著也好吃的香魚甘露煮。

上班族的常備菜，應該具有兩個功能：一個能夠放入隔日的便當盒，二是能夠下酒。香魚甘露煮就符合這樣的功能性取向，並且顏色因為已經在醬汁中熬煮得一塌糊塗了，黑黑甜甜，只要形狀完整，完全沒有重新加熱後菜色暗沉的困擾。

忙碌起來無暇備菜、小資族想吃點真材實料的便當午餐時，從保鮮盒中取出一尾當週滷煮好的香甜甘露煮香魚，就是方便的配菜。

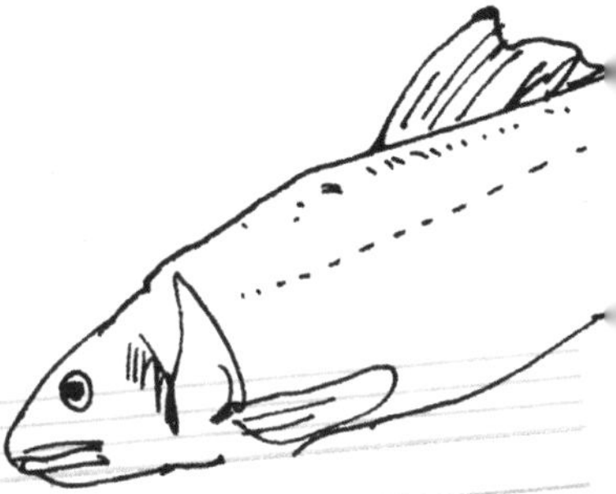

【甘露煮醬汁】（以四尾香魚計）
柴魚醬油 100ml、味霖 50ml、黑糖 2 匙、紫蘇梅汁 1 匙和米酒 1 匙。

六月三日

楊梅、櫻桃、小龍蝦

有一年夏天在南京。

南京，所謂的江南地帶呀，長江中下游的魚米之鄉。逛這裡的菜場有不少驚喜，比如極好吃極酥鬆的甜鹹酥餅，鹹的就一點蔥肉末，甜的就一點融化的糖餡兒。我在陌生的菜市場街頭，判斷依據無他，就是哪間前面當地人大排長龍，就吃那間。

興味盎然，南京的菜市場跟台灣的很像，又不一樣。先說那蔬菜攤，很多蔬菜雖然認得，像是青江菜、塌棵菜，個頭硬是細嫩了一個尺寸，萌萌噠，這是江南人喜歡幼嫩鮮甜的蔬菜的緣故，小的拿來做菜飯也剛剛好。也有江南野菜：馬蘭頭、草頭，台灣青草店材賣的魚腥草他們吃其根與莖，稱折耳根，氣味濃郁。大抵是攤攤通體碧綠，對比熟食攤的煨的酥軟的濃油赤醬肉品，讓人唾液忍不住冒出。

燒餅小店旁邊是十三香小龍蝦店，跟水餃店一樣都秤斤論兩地賣。起初我不明白什麼是十三香小龍蝦，台灣海島不大吃淡水螯蝦的，我們喜歡新鮮海蝦，滿滿是肉。淡水小螯蝦，殼厚肉少，台灣有時候乾淨的水田可見，但量很少，不夠上菜館炒來吃的份量。而上述的十三香是綜合調香料的名稱，常見成分有花椒、八角、小茴香、丁香、肉桂、豆蔻、陳皮、薑等，添上各家獨門香料，做成泡製的小龍蝦。小龍蝦不論在台灣還是中國，都是外來種，煮熟後，紅艷豔一盆。

南京人雖然喜歡吃豔紅的十三香小龍蝦（十三感覺是數字量級裡比三、五、十這樣的整數更獵奇難得的組合數字），但同時這城市居民也分享著小龍蝦不乾不淨的都市傳說。南京朋友夜裡帶我吃

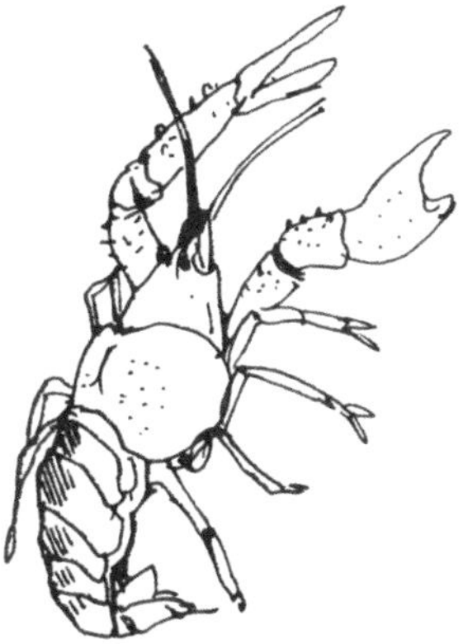

宵夜，只是含笑看我吃，不動筷子；一問她才說，有幾個傳說，一是說當年一九三七日軍在南京大開殺戒的日子裡，在江水裡下了細菌生化武器，這蝦就長在江水泥濘淺灘裡，或許不乾淨。另個故事說，屠殺的南京城，江水裡飄滿了懷怨而去的屍體，這蝦長在河裡，又渾身通紅，不好。

哇靠，都過了超過一甲子了，你們種菜澆菜也用這江水啊，還不說大閘蟹呢。南京人心裡到現在還是存著在意，果真民族主義的國仇家恨真不是普通說說罷了。不過放眼望去，十三香小龍蝦的生意，還是在江南一帶做得風風火火地……國族歷史與時下美味的糾結，這些豔紅的妖孽，就讓台灣同胞替您一口口承擔消解吧。

初夏市場，紅色而吸引人目光的，除了河鮮，還有楊梅和櫻桃。櫻桃和楊梅在溫帶地區都是常見的水果，南京市場裡的櫻桃不一定甜，但價格實在合宜。其中值得讓人多看兩眼的，就是楊梅啦。台灣楊梅不多，多長在新北地帶或基隆山區，需要涼爽一點的氣候才長得好。那天跟大學同學約在餐廳吃飯，發現優格甜點裡居然放了這紅爽爽酸溜溜的楊梅！不只如此，門口就種了棵楊梅樹！

躲在綠油油水滴形狀葉子裡的紅色楊梅，太可愛啦。我被勾起了吃楊梅的慾望，在朋友中發出通緝今年新生楊梅的警報，各地傳來，今年楊梅產量銳減，廚師朋友補充說明，「連小英總統的就職國宴上用的楊梅都一度找不到新鮮貨，必須動用冷凍楊梅應急」。好在爬山朋友協助，跟一位住在陽明山自家竹園旁種楊梅樹的阿婆買到一斤楊梅。

從朋友手中接過兩小盒包得妥妥的楊梅果實，尤發散著鮮紅的汁液，趕快沖水洗淨，輕輕咬下，深吸一口氣。酸吶，正是夏日午茶桌上的開胃之味兒。

六月九日

大口喝下地啤酒

在日本，酒有「地酒」這個說法。

簡單地說，使用當地收成的稻米，佐以當地的流水，釀成具有地方特色的酒品，就是所謂的「地酒」。要是能吃著地方的特產，佐以地方土地孕育發酵釀造出來的酒品，人便從脾胃開始通達了地氣，沒什麼比這個更暢快的。

而台灣有什麼能夠代表在地的酒品呢，最日常的非啤酒莫屬吧！

價格低廉，用藍白鋁罐、咖啡色與綠色玻璃瓶裝乘的台灣啤酒，從下班後的餐桌到路邊的快炒店，都可以見到它的身影。台啤的特色是清爽的拉格啤酒

（lager），特色是發酵的酵母喜愛低溫。在炎炎夏日飲用，最合適不過。

台灣因為過去煙酒公賣制度的關係，酒製品一律由國家單位來生產銷售，價格固定，產品開發受國家政策影響很大。直到二零零二年廢止專賣制度這從日治時期以降的傳統規定，一般民間廠家在申請酒牌後也可以開始釀酒賣酒了。因此台灣民間各地自己發展酒類產品時間很短，不足二十年。這也解答了，為何台灣擁有豐富的農業物產以及稻米收穫，卻沒有像是日本豐富的清酒品相，或是歐美多樣的葡萄酒內容出現在市面上。

在日本或是法國的超市逛街，會很讓人懊惱。來自境內各地的清酒、米酒和葡萄酒，酒標泱泱體現出酒體的特質。日本人明明平常讀寫以平假名、片假名居多，對於幫日本酒取名的漢字書法卻很有辦法。「真澄」、「南部美人」、「金陵」、「伊根滿開」、「晴耕雨讀」、「義俠」、「風之森」……配上或者秀美飛動、或楷隸書般撇捺出挑，符合區域及酒造文化印象，在還沒細讀酒米以及酒類型前，就引人想喝。葡萄酒標則是另一路數：舊世界歐洲大陸、有歷史的酒莊的酒標通常看來古典；新大陸如智利澳洲的葡萄酒，酒標則常有新

意與設計插畫，十分有意思。

開放煙酒公賣以來，比較可惜的是，不管是葡萄酒、還是其他類型酒，發展創新動能不足，或者台灣消費者偏好甜滋味類型酒。南投梅酒產品是做得最好的了，葡萄類別偶有佳作，如台中內埔得獎的埔桃酒，不然就是高濃度的白乾高粱酒，這是離島強項。

這幾年台灣的啤酒，異軍突起，彷彿遍地開花般，一間開過一間，推出了不少具有獨到特色精釀「地啤酒」。這些啤酒人，多多少少在國外生活的經驗中，體會精釀啤酒的豐富滋味；這些白天可能是工程師或是研究生的勇敢漢子們，以「maker」手作精神，自己在家一小桶一小桶跟酵母共舞，釀起私釀精釀啤酒來。互相交流之下，逐漸形成社群，接著，申請酒牌，開始做出一家家特色精釀啤酒。

其中發軔當然是北台灣麥酒，以台灣水果決定的比利時風格啤酒：荔枝、柳丁、鳳梨，接著是得獎連連的啤酒頭以深具華人文化特色二十四節氣製作風格啤酒。也有標榜使用台灣地產雜糧小麥的禾餘白玉麥酒、月光啤酒，區域型酒廠如恆春啤酒博物館、宜蘭吉姆老爹，更有帶入當地環境特色：基隆潮境啤酒加入石蓴、原住民植物的比西里岸葫蘆巴啤酒。讓人們在炎夏中品飲時，更帶來了不少樂趣。

喝不完的啤酒怎麼辦呢？富含氣泡的啤酒，拿來調麵糊，可以做出非常清脆的天婦羅麵衣。放較久、消去氣泡的啤酒，猶有麥香，加入根莖類拿來燉肉，會讓原本濃厚的料理增添一股特殊的風味喔！

關於精釀啤酒，根據美國釀酒商協會(Brewers Association)定義，指的是年產量少於六百萬桶，釀酒商擁有酒廠75%以上獨立所有權，使用傳統或創新釀造原料與發酵過程使其產生風

味的啤酒。

這邊應該留心「精釀」的意味比較接近創新，風味各異，不一定比較好喝或是精緻，依各人喜好而異。

精釀啤酒風味的四大元素是：水、麥芽、啤酒花和酵母。感受不同原料組成的配方變化，困惑時也可以以這些關鍵字詢問酒吧老闆或看起來喝得樂淘淘地任一個啤酒瘋子，他們一定很樂於為您解答的！

後記：良友歡聚

跟著女朋友們，穿上浴衣和羽織到大稻埕新開的精釀啤酒吧點酒來喝。覺得既復古又時髦，大家也玩得非常開心。

六月十日
端午包粽

如果看倌們對台北南門市場的地下室有點印象，就會知道前往販售生鮮產品的地下室時，會先經過泡粽葉的祕密角落。一樓熟食店的大哥大姊，把收束好的粽葉一疊疊，根據分批下水的時間差異，泡在水槽裡。這可是馳名遠近南門粽子原料的補給線：各式鹹甜地方粽，或蒸或煮，用上的粽葉和原料，都在這邊先處理好，製好後拿到一樓販售。

南門市場是有點高貴的菜市場，品質手藝也絕不讓人失望。我時常經過這道堆放備料品的樓梯，或者在一樓買小份熟食給家中餐桌添味，或者地下室買整理的乾淨妥貼的精選蔬果或肉品。這回我卻頭一回，要從備料開始全套包出粽子。在家時長輩包粽，小輩是受惠者，不需動手。說是自己笨手笨腳礙事，沒說出口的是長輩跟小輩的親暱賴皮，阿嬤多包一點，我們就多享一點口福。

一樓雜貨行的阿伯向新手仔細說明原料差別：麻竹葉通體草綠，質地軟，桂竹葉上面有斑紋，質地粗韌。不論買哪個，泡水泡一小時再用。綁線有一般白棉線，也有鹹草，鹹草除了拿來做榻榻米，也是傳統包粽子的綁線。新手建議選擇棉線，比較容易操作。選擇最簡單備料的湖州粽來製作。一個晚上就可以完成備料到煮好粽子。

後記：粽子的拓樸學

包粽子這件事在我家有個小祕密：我跟我媽原本都不會包粽子的。

外婆手藝太好，以前她包的素粽子裡面還會放兩粒銀杏白果，就知道料用多好了。我的媽媽是個大多數時候情願天真處世的大孩子，有她的媽媽包給她吃，她就樂。在婆婆眼中，她大概也不是最會做家事那個，所以也不需年年整治粽子分送大家，我們家就幫忙消化就行。

我喜歡我因為在報紙連載專欄，週復一週過生活，學習用食物把時令找回來。端午逼近，自覺有必要學會包粽子，給讀者和自己一個交代；因此是拜這專欄所賜，才開始學包粽子。

說來有趣，曾經包的，乃是排灣族人的奇拿富（小米粽）。

因為工作的關係，我曾在台東金峰鄉壢坵部落蹲點。壢坵杜媽媽的小米粽真是一絕，好吃爽口的糯小米，五香醃漬的好豬肉，外面的月桃葉還用炭火稍微炙燒過；配起來活生生就是土地、火焰、水滾而出的好滋味。

然而拆解食物原型，漢人的粽子、或是排灣族的粽子，都是葉子包裹澱粉主食包裹蛋白質餡料，共同的拓樸結構來著。遙想文明初始，野外隨手可得的，最初的包裝，就是不同的葉片了吧；包裹熟食，隨身攜帶，食物沾染葉片氣息，或者竹葉蓮葉清香，也或者芭蕉無味，野薑月桃襲人清香。都是可以變巧的食物包裝建築學。

【湖州粽】

圓糯米1斤、竹葉24片、梅花肉1斤、棉線12條（12顆量），紹興、醬油、白胡椒、五香粉調味。

糯米泡水2小時、梅花肉切成條狀用上述調味料醃2小時。竹葉泡水至少1小時，修去葉柄。糯米泡好後，瀝乾水，拿醃肉的調味料攪拌均勻放半小時。

兩片竹葉同方向重疊好，尖端朝下拿在手上，把葉尖往上折，撐開對折的空間，放入一杓糯米、一塊肉、一杓米，接著包起來綁好。

燒一鍋滾水，投入剛包好的粽子，剎時竹葉的芬芳散布在整個空氣中。粽子在滾動的熱水中翻騰。內心讚嘆，以葉子裹住美味的澱粉主食和肉類投水烹煮，米飯也充滿清新的氣息，是千年不變的簡單美好，告慰古今飢餓與思鄉的遊子呀。

六月十六日

迷人的庶民酸菜滋味

別人喝豬血湯是為了吃如果凍般的豬血豆腐，我吃豬血湯，更多的時候是為了配角酸菜而來。酸溜溜的酸菜，在菜市場裡氣味很有存在感，似乎跟酸筍啊，酸豆是屬於同一區的。買的時候，要套兩層塑膠袋，否則滴到買菜的環保袋，味道可是久久不散。

台灣酸菜最大的產地在雲林大埤，車入鄉道，即可見到一鄉一特色的標示寫著「酸菜的故鄉」——全台有超過八成的酸菜都是從雲南大埤生產出來的。家戶門口的塑膠桶，工廠的大水泥槽，壓著石頭與蓋子，都沉睡著待熟成的酸菜寶寶。

酸菜主要使用的蔬菜來源是冬天休耕種的芥菜。農曆春節時分吃，肥厚葉柄的芥菜，苦中帶甘的性格不管是配雞湯還是干貝都十分對味。但一旦過了冬天，想吃芥菜，只能往醃漬蔬菜尋去。翠綠挺拔的芥菜，經過酵母菌、醋酸菌和乳酸菌的作用，轉化成絕妙的酸味餘韻。芥菜可以做成閩式的酸菜，也可以做成客家的醃菜。閩式酸菜汁水多，還有咬葉柄的口感；客家醃菜有時候晒的很乾很乾了，可以用鉤子塞到高粱酒的瓶子裡去，放久了顏色會變得深一點，客家人拿它來滷梅干菜肉，配合肥潤的五花肉，十分下飯。

醃漬蔬菜全世界都有，德國酸白菜、東北酸白菜、韓式泡菜、日本漬菜，不過吃來吃去，最偏愛的是閩式酸菜呀。這是帶著熊熊草莽氣、濃濃乳酸發酵、庶民吃的酸菜料理——不會有人計較入菜的酸菜的刀工夠不夠精細，只會擔心酸菜夠不夠味。加少了，滋味不足，不如不加。廟埕、路邊攤、宵夜點心，都可以覓到酸菜點綴料理的蹤跡。天氣熱起來的時候，胃口不開，吃鹹甘酸的酸菜最合適。我每年這個時候，就莫名嘴饞這個氣味。忍不住買上一兩顆，用手撕開了，加上薑片和肉片——梅花肉、豬肚、一般肉片都可以，若嫌鮮味不足，就放入幾顆蛤蠣，起鍋前灑上白胡椒和滴上幾滴香油。吃起來真是太痛快了！

對比之下，漬菜們顯得文雅非常。

日本漫畫裡常看到人們嫌米糠醃菜味道大，我覺得這是他們沒見過台灣的酸菜桶子，如果這是古都所謂的文明範兒，真想讓他們見識一下南方野蠻味覺的驕傲。漬出來的京野菜們，色澤有柔粉如茄子，亦有鮮黃明豔如用山梔染色的大根，味道甜鹹清雅，比較不走酸溜溜這套。但前共產主義國家如俄國、捷克、德國地區的醃白菜包心菜可就夠嗆了，配著當地的結實馬鈴薯麵粉糰子吃，覺得吃了男男女女都可以悍起來——但吃超過一餐，就有點吃不消了。

除了台味的酸菜肉片豬肚蛤蠣湯，肉跟酸味妥協的料理還有沒有？有，就在德法交境的阿爾薩斯省份。此區自古以來為德法兵家必爭之地，現在是法國領土，過去有時是德國領地，仁醫史懷哲就這裡人（所以別問他哪國人，這題不大好回答）。阿爾薩斯的名菜，除了鹹派（quiche）、麗絲玲白酒，最有名的就是酸菜燉豬腳肉腸，這樣大開大闔的菜色是鄉村菜色無疑，以醃漬的酸白菜來解豬肉與肉腸的油膩，可以迅速補充熱量與蛋白質，提振精神——道地庶民料理無誤。

六月二十四日

池上地產餐桌

池上真是一個神奇美麗的小鎮，別的不說，就說那千頃良田。

在中央山脈以及海岸山脈的中間，彷彿守護似的，山高水甜，綠油油、黃澄澄，就這麼長出了肥滋滋的白米飯。池上長得特別好的米品種是高雄一三九號，栽培面積大，挑選池上米務必一試。

我在第一期稻作的收穫時節來到池上，原因是為了寫香港《號外》雜誌的稿子，港人因為地緣以及政治狀態的類似，對台灣有很高的親切情懷，欲「以台灣作為方法」當做地方動能的借鏡。

而池上，正體驗了「天高皇帝遠」，心遠於朝卻能與農村共好共美的模樣，農村在池上，不是落後發展的象徵，反而因為發達的稻米產業，成為美學揮灑的基礎。六月底的谷地滿是金黃稻穗，池上鄉公所十分用心，除了在地居民以及農機具，觀光客一律只能將車停在外頭，以雙腳或踩腳踏車認識土地。

池上是我的朋友亮亮的外婆家，池上族群豐富，客家人、阿美族、移住的福佬人和平埔族，亮亮就是道道地地的溫婉客家妹子。以前來去台東，不時到池上拜訪蹲點做研究的她，如今她在此地城鄉發展顧問公司落腳，真正在池上做起事來了；我到台北工作以來，一直沒有再來拜訪她，這回白日收工後，訂了最晚一班午夜前到達的火車，直接住她家了。出了車站，她如女學生的短頭髮一點都沒變，開著一台暗紅國產小車站旁等候，兩人見面，差點掉下眼淚來，亮亮什麼時候也會開車了呢，彼此開心地有點犯傻，嚷著「哭什麼勁兒啊、不是還活著好好的嗎」，說了好久沒有互相說的小話語。

她大方跟我分享欣賞農村稻田美景的最佳時段：清晨太陽即起之時，以及夜深人靜之時。前者遊客稀少，卻是農人荷鋤上工的時候；後者夜晚，因為稻田中一根電線桿也無，可說是沒有光害可言，可以大方躺在田間小徑上，滿天繁星，連銀河也清晰可見。然而，這等美景並非偶然，池上的農田在九零年代社區總體營造推動時，經過地方人士的悉心愛護，讓電線桿消失在農田地景裡頭，才保全了壯闊的文化景觀。

這天晚上我跟她做的晚餐，是碳里程數很少的晚餐，全面採用在地農園的地產來製作。食材是鄰居婆婆送來的南瓜，順路拜訪辦公室的農夫大哥家裡剛收成的牛番茄，和幾顆雞蛋。把南瓜用電鍋蒸熟，連南瓜皮用湯匙叉子壓碎，調味的秘訣是加一點黑糖。南瓜本來就香甜，加入甜而不膩的黑糖，除了增加香氣，也增加甜味的層次。這樣的南瓜泥，直接拿來吃或當做土司抹醬就已經很美味了；但地方的小廚娘還可以多加點花樣——我們拿出在地製作的辣豆腐乳，裡面當然使用了池上生產的大米，拌一點到南瓜泥裡面去，讓南瓜泥帶上鹹味和微微的辣味，成為配飯也很適合的小菜。

另外一道，則是台灣家庭無人不知無人不曉的番茄炒蛋了。

電影《總鋪師》裡說，人人心中都有那麼一道朝思暮想的番茄炒蛋，我們的作法很簡單：先炒雞蛋盛起來，另起鍋炒番茄，下蔥段，再把剛炒好的雞蛋放下去拌勻起鍋。滋味家常，兩道菜，配豆腐乳和新碾好的米飯，就是樸素的池上晚餐。

【南瓜泥拌辣豆腐乳】

備妥新鮮南瓜半顆、辣豆腐乳一塊、黑糖一大匙，南瓜蒸熟，用黑糖調味，再拌入帶辣的豆腐乳，十分對味唷。

六月二十六日

海鮮粥

天氣炎熱，來吃粥吧。

用米煮成稀飯白粥，根據米粒化開的不同程度，從台南泡飯似的虱目魚鹹稀飯，到海島金門與廣東人煮得米粒消融的糜粥，有的粒粒分明，有的碗中你濃我濃，各有所好。

天氣一天一天熱了，很快就來到小暑。大概是也到了自覺要照顧身體的年紀，覺得少吃點油膩的食物，除了提神以及提振心情的必要之惡，少吃甜的；熱天喝點粥是蠻舒服的。小時候我還住在彰化八卦山脈的鄉間給阿嬤帶的時候，印象最深的，就是阿嬤每日都會煮上一鍋結實的白稀飯，冷卻後，沒有米湯漂浮在上面，水份都被米粒吸收得飽飽的。

這鍋就是擱在廚房，肚子餓的人摸索到廚房就能裝來吃，十足農村生活不會讓家人餓上肚子的體現。我最喜歡的吃法是淋上一圈醬油膏，阿嬤偏愛帶著甘草味的丸莊醬油，或社頭鄉地產的新和春醬油膏。中南部的醬油膏口感鹹中帶甜，攪散了當點心吃，涼的比熱的好，從外頭撒野回來時就溜到廚房吃這個，吃完再出門撒野。畢竟小孩子舌頭怕燙，要吹著熱稀飯到涼又沒耐心，家中少零食，吃涼稀飯真是方便。但對大人來說，早餐的時候，這樣一鍋熱呼呼的濃粥，配上上一季醃上的醬瓜、煎蛋和炒青菜，搭配巡迴菜車買的甜豆乾籤，就是最樸實的一餐。

米粥就是這樣，宜涼又宜熱呼呼地吃。中醫概念裡，認為白粥是很好的食物，《本草綱目拾遺》稱粥煮起來上面那層米湯微米油，認為它對對人體滋補有奇效，「力能實毛竅，最肥人。黑瘦者食之，百日即肥白。」意指瘦弱貧瘠的身體，透過米湯澆灌，都能強健。是不是真有那麼神，我沒實驗，不得而知。不過人在感冒時候，單單加入蔥白燉煮的白粥，吃來也覺得暖身有氣力呢。

這回貪食鮮味，想吃海鮮粥。正好前日為了下酒菜，做口水雞，用米酒與蔥薑悶熟了不少雞肉，剩下的湯底，鹹了點，但可都是雞肉的精華高湯，就這麼倒掉丟掉太可惜了。用杓子勻勻濾去薑片與蔥，這兩樣煮久了滋味釋出也不用吃它，先下筍絲、玉米筍與去殼蝦子。蝦子一斷生就撈起來備用，免得越煮越小隻；然後加入多的米飯或生米，小火慢煮，定時攪拌，別讓這鍋濃稠美味滯留鍋底。

使用的生米，是來自花蓮豐濱鄉港口部落海梯田長大的海稻米，當地也是二零一五年金曲獎得獎電影《太陽的孩子》故事發生所在地。我覺得米粒小，卻飽蓄能量滋味；煮著煮著，到米粒將散，或個人喜好軟糯程度，再加入剩下的魚塊、花枝、蚵仔，要斷生時加入剛剛燙好的蝦。即可熄火起鍋。食用前記得一定加入芹菜珠，增加香氣和口感變化。好吃的粥品加上料多實在的海鮮，鮮甜地讓人在天氣炎熱的夏夜都還能吃上兩大碗！

六月三十日

夏天吃涼水—荔枝冰沙

夏天最清涼的音響，應該是大冰塊在剉冰機下旋轉發出的嚓嚓聲響。

蟬聲是屬於炎熱揮汗的，讓人聞聲渴求樹蔭；而冷氣機聲音是轟鳴排出熱氣的，噴到臉上。唯有這手搖鑄鐵剉冰機旋轉的冰塊聲，帶著絲絲涼氣，在凝固的炎熱天氣中，幽幽降低週身的溫度。

台灣剉冰以四果冰為出發點，在冰上放上煮過的甜豆類、芋頭、地瓜、甜圓，就是常見的甜湯材料，只是改成碎冰與糖水。冬天喝熱甜湯，夏天吃冰涼，唯這糖水大有講究，通常用二砂糖來熬糖水，熬出來蔗糖甜香才濃足。也有人加入黑糖一起熬製，甜度低些，焦香更濃郁。同樣的糖水，到了冬天就加入薑母一起熬煮成暖身的薑糖水。幾次燥熱難耐，往不同地幾間知名冰店尋去，看到門口烈日下大排人龍，也只能當機立斷轉往便利商店——不然還沒吃到就要中暑了，划不來。

不過，事實上天氣越是熱，吃涼水越要節制。中醫通常認為這樣劇烈的一冷一熱入臟腑，人體一時沒辦法立即調適，反而容易出現不適的症狀，最好還是讓人體保有調節溫差的能力，才是安然度過夏日的方法。因此喝溫水預防中暑才是養身之道。

至於嘴饞想吃涼的時候，不妨善用香氣濃郁的食材，改善熱暑頭昏的狀態吧。

將紫蘇加上糖，煮成濃縮的紫蘇糖漿，或是將檸檬用蜂蜜跟薄荷醃過，拿來做成涼水，或凍成冰塊打冰沙，都很棒。請當成夏日常備品般在冰箱隨時有存貨吧。即使不拿來做甜品，將紫蘇糖漿加上酸醋拿來醃小黃瓜當小菜也十分對味。

如果想要甜美的冰品，推薦使用夏天的荔枝。黑葉荔枝、糯米荔枝、玉荷包，或暱稱果皮有拉鍊的玫瑰紅荔枝，鮮食吃不完的，都可以將果肉去皮去籽剝好，放到冷凍庫中凍好。要用的時候，拿出結冰的果肉跟冰塊，加入一點蜂蜜增加香氣的層次，佐以甜白酒一起用果汁機打成冰沙。喝起來香氣十足，十足夏天滋味。

七月八日

涼拌烤茄子與馬克杯天使義大利麵

茄子可能是台灣小孩子餐桌榜上有名拒吃的蔬果了。

長長的、軟軟的、皺皺的、紫黑色，還通常醬色中帶著油膩。光用看的，對正值生命早春柔嫩的娃兒來說，這個自身沒有強烈味道的食物，實在是費解地引不起胃口。可是長大後，卻覺得茄子白色的內瓤彷彿海綿，可以溫柔地一路吸飽人生況味，打滾九層塔、水煮清茄沾點醬油膏裡品嚐清淺的植物香氣。

還有一種吃法，是我所偏愛而沒那麼常見的，那便是烤茄子。長茄切片放上奶油片、磨點胡椒烤固然可喜。但說到烤茄子，說什麼還是圓圓胖胖的蛋茄才最適合的。取整顆茄子，洗乾淨，千萬別多事，整顆放到烤箱、或炭火上去

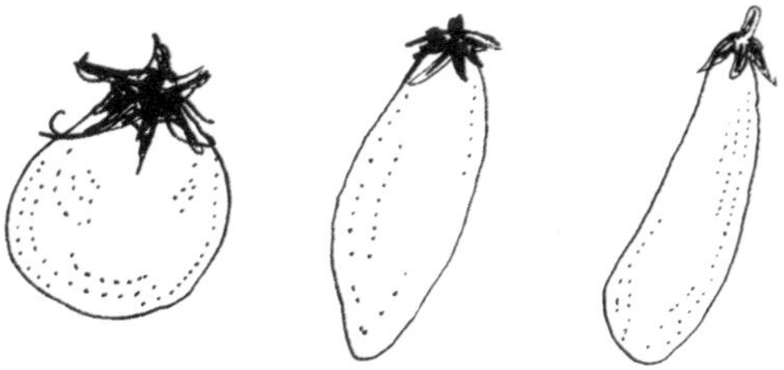

烤。烤個表皮泛褐，內心汁液滾燙熟透，甚至外頭帶點焦氣，就拿出來吧。這樣烤來的茄子內瓤香甜多汁，非常好吃。以前去雲南大理古城田野調查，城下半段有間很小的飯館叫飄香飯館，有個壞脾氣的老闆，和一道很自負的菜，叫做天下第一菜。天下第一菜說穿了就是碳火烤圓茄，表皮剝去放上獨門醬肉絲，上面灑些辛香菜末盛盤，真是香的不得了。我跟那些被老闆罵走過的客人，就挨在石板路上吃。一邊呼氣直稱燙嘴。

日本的茄子則是另一種風情——我在日本京都米其林一星餐廳Motoi吃到一道用「水茄子」做的前菜。關西充滿水份的茄子品種去皮，多汁水嫩、口感有海綿的茄子感，搭配膏腴的鵝肝和紅李醬汁，非常美味。京野菜三十六品裡，茄子就佔了三項，它們是賀茂茄子（かもなす，圓滾滾像個大燈泡）、京都產小茄子（もぎなす）、山科茄子（やましななす，類似雞蛋茄的圓茄）；它們都符合京野菜，生產於京都地區、明治維新前即開始種植這幾個條件。這幾種茄子不管是醃漬、還是切半烤、切片炸成天婦羅來吃，都是常見的方法。

但今晚這道烤圓茄，呼應節氣正入小暑，天氣會一天比一天熱，用日系的調味，但要清爽才可以，不希望吃完人顯得更加疲累。把蛋茄用烤箱烤好，撕去表皮，倒入磨入蘿蔔泥的柴魚醬油，灑上蔥末，簡單就是一道可以冰起來當常備菜、也可以現吃的蔬食料理。

下班後夜裡的快速料理，把冰鎮在冰箱中的柴魚醬油烤茄拿出來。爐上煮一小鍋水，下最細的義大利麵條和一顆雞蛋。五分鐘後，此種義大利人稱天使髮（angel hair）的西式麵線就煮好了。熄火，把麵盛好，五分鐘的蛋正半熟，放到上頭，淋一匙常備肉醬，就是美味簡易的晚餐。

可將天使細麵換成日本素麵。日本素麵看起來很像台灣的麵線，吃起來比較乾爽Q韌，跟義大利人用杜蘭麵粉做的的天使髮麵是很類似了，也是一下子就可以煮好，但經得起沖洗放涼。每到夏天，日本書店的食譜區就會紛紛把跟素麵有關的食譜端出檯面，清涼眼睛與腸胃。

烤茄子

準備蛋茄一顆、蘿蔔泥、柴魚醬油、蔥花。

蛋茄 150 度烤 30 分鐘，記得受熱均勻幫它翻面。取出待涼些，撕去表皮，將茄肉浸入蘿蔔泥柴魚醬油醬汁，灑上蔥花即可。

七月十五日
來吃土雞料理

暑假到了，跟媽媽一起到四國地方旅行。入夜時分到達香川縣的高松市，夜深的商店街大部分的店都關了，而成年後的母女旅行，一起看看不同的城市街景，七嘴八舌也是一番樂趣。香川縣是台灣人十分喜愛的烏龍麵的故鄉，路上看到不少烏龍麵招牌不意外。但走過長長的商店街，使我留心的卻是，還開著的居酒屋幾乎每間招牌都寫著「地雞」料理。

有一有二，到了第三間第四間，覺得此地的「地雞」也就是日本土雞應該是非同小可，必須嘗試。仔細端詳，這邊的地雞料理強調的重點在於「骨付」，也就是帶骨一起料理的意思——的確帶骨一起料理，肉的滋味會更豐富。這邊的土雞料理認為以碳烤的方式最能夠品嚐其美味，部位通常是雞大腿，烤好後，老闆娘會一起拿出剪刀，讓客人可以現場剪肉下來大快朵頤。對比起來，台灣土雞城用特製的金屬圓筒烤雞，下面的盤狀槽承接滾熱的雞汁雞油，烤好出爐，台灣人喜歡帶手套直接享用用手撕取肉的痛快吃法，頗有異曲同工之妙。這邊香川縣烤雞居酒屋的老闆娘也提醒我，用隨雞肉附上的高麗菜沾取鹹香的雞油來吃，更是解膩美味。

四國這一帶最有名的「地雞」品種屬於德島縣產的阿波尾雞，阿波尾雞品種是用鬥雞跟進口雞種培育而出，以德島當地祭典舞蹈「阿波舞」命名，最重要特點在於出貨標準要飼養超過八十天。而根據飼養天數長短的差別，決定是否飼養到性成熟，也是台灣土雞和非土雞最重要的差別。台灣最常見的白肉雞，是來自美國的品種，飼養近四十天達兩公斤左右即可出貨，生產成本低，但滋味較淡薄肉也鬆軟，卻很適合來製作爆炒的雞丁料理，可保口感鮮嫩。仿土雞跟土雞，則通常飼養到十週以上，甚至達六個月性成熟才會宰殺出貨，肉的滋味就濃郁多了，口感也比較Q韌。

這種差別四國地方的愛雞人士可是相當明白——他們的烤雞菜單，就分成「嫩雞」和「成熟雞」呢！依照喜好，任君選擇。

七月二十二日
台味魚皮卷蘸日本醬油

台南魚鮮味是虱目魚。

其實虱目魚在東南亞都有，甚至地中海也有牠的親戚，但唯有台灣的台南人以精細的技術，揀食地吃著虱目魚。新鮮的虱目魚，渾身都好吃。魚販手起刀落，把魚皮、魚肉、魚肚、魚骨分開，魚頭拿來紅燒，魚腸小碟更是在地市場才吃的到的新鮮貨。裡面我最喜歡的就是魚皮了，去好鱗的新鮮魚皮甜甜的，皮下一層薄薄的脂肪和魚肉，吃起來口感很有樂趣。厲害的台南人還會把魚皮魚肚跟魚丸結合，一口咬下三種口感，吃巧又美味。

早晨逛菜市場偶然看到小販現殺虱目魚，開心買了一盒魚皮回家吃。滾一

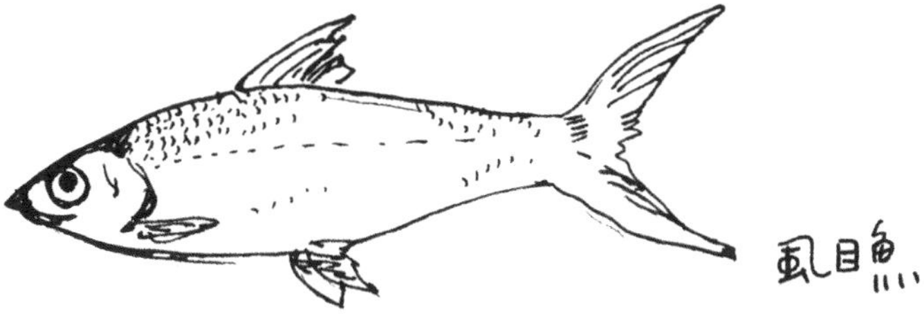

小鍋水，加點米酒，魚皮下鍋涮一下熟了就能拿起來了，蘸點清醬油品嚐原味，頂多搭配芥末，就好吃得不得了。

我把燙好的魚皮拿起來，另起一小鍋燙秋葵，多花點心思，用魚皮把秋葵卷好。一卷一卷放在美麗的小盤子上，淋上日本醬油大產地小豆島帶回來的「淡口生揚」醬油，就是綜合台日風情的前菜了。拿給爸爸試味道，他吃了一卷，大呼好吃，秋葵滑順的口感跟魚皮融為一體，滿屋子找有沒有庫藏的日本清酒，覺得搭起來更是滋味。

在台灣，我們想到醬油的故鄉，通常是中南部的濁水溪流域，好比下游的雲林西螺，就出了台灣最知名的幾間醬油場。豆子在充足的陽光溫暖中與麴菌發酵、滋長、脫水，與鹽以及水同入醬缸泡製。最後起缸後加入糖份調味。

而在日本，說到醬油的盛產地，莫過於瀨戶內海上的小豆島了。小豆島在全盛時期，島上有四百多間醬油廠，一下船，港口空氣就飄散著濃郁的麴香醬香。所謂「淡口生揚」醬油，是指米麥豆等醬油原料經發酵後的首批最濃烈的醬液經過攪拌一次、過濾，得到的醬油。因為還沒做醬色處理加工，較鹹，但滋味豐富，拿來佐食比較不會改變食物顏色——有點類似港澳地區生抽醬油的概念。

七月二十四日
手打雞肉筍丁丸子蛤仔湯

中部夏天的家鄉味是什麼呢？

對我來說，不是焢肉，不是以主菜形式登場的鹹香肥嫩三層肉。是清幽出現在各處的竹筍。筍丁、筍絲、筍片，跟著豬肉的美味身影，出現在中部肉丸的筍丁肉餡、嘴邊肉筍絲清湯、大骨控筍片湯。

早起挖起的覆土鮮筍，要天還沒亮的時候挖起，晒到太陽轉青的竹筍會泛苦，彷彿多讀人間空氣幾分，心就苦了點。被仔細照顧運送的鮮筍，滾水燙熟，甜若水梨，是口感和味覺的一大享受。切成小塊與細絲，秀氣地點綴在小食料理中，增加口感，解膩提香。

今天這道湯品是台北上班的女兒想起中部的家裡，夏天到了爸爸總會嚷著要吃筍湯的季節料理。家裡後頭就是大坑山，小販在登山口附近賣的筍湯算是當地特產。我沒有媽媽和奶奶挑筍子的功力，也不好意思明目張膽，在攤販前用指甲掐入筍心測試生嫩程度，怕那筍之後就沒人要買。隨意挑了隻看起來最不綠的，先下一刀，撥去厚重的筍殼，滾水煮熟。

這回夏天筍子大出，綠竹筍，上菜市場時小販總一小堆五十一百地賣，我運氣不錯，這些筍買回家搶先燙熟，都不怎麼苦，筍小也口感細緻。但有時候也想吃那大根筍子，纖維的口感嚓嚓嚓地很爽快，就挑根太陽晒得少的，回家用大菜刀把外頭筍殼撥掉，削去粗礪部分，丟冷水煮到滾。

筍子煮到苦水淌出，撈起來，取一段切丁備用。

另一邊，拿出準備好的雞肉，切丁後，用大的菜刀剁成泥。

不急，想著心煩的事，篤篤篤地把雞肉敲成碎末，刀背一抹，收整，換個方向繼續剁。事實上剁肉的時候不宜分心，所以是一個把煩心之事搭配摧毀與創作的刀把，慢慢淡出腦海的方法，舒壓。

有彈性的雞腿肉，剁好拿起來摔幾下就可以跟瀝乾水的筍丁混好，準備調味。若是雞胸肉，剁成泥後，建議要加入一顆蛋白，增加肉泥加熱後的黏著度。肉泥、筍丁、一點香油、中藥店買來的白胡椒粉、幾滴甜甜的好醬油，攪拌均勻。熱一鍋滾水，用虎口擠出一球一球雞肉筍丁泥下水，燙熟，就是筍丁雞肉丸子。

雞肉挑選，因為要剁成泥，選肉雞就可以了，在這道料理，吃不出太多土雞和肉雞的差別，省點錢。

這次稍微厚工些，丸子燙好定型後，另外煮一鍋蛤蠣底的湯，水滾加入剛做好的丸子和芹菜丁。整鍋就是鮮味滿溢，山珍海味又不失清新的夏日好湯。不瞞多燙的丸子可以冷藏起來，跟其他沒切丁的筍塊也是非常好用的便當菜。各位，這樣的組合，一次做好，晚餐和隔日的午餐就齊全了。在辦公室裡，還能得到同事們的稱讚呢！

【手打雞肉筍丁丸子】

筍子1支切丁，兩倍重量的雞肉，一顆蛋白清，芹菜丁隨喜。再用醬油1匙、鹽巴酌量、胡椒半匙、香油1匙調味。

七月二十八日

梯田的割稻飯

很喜歡貢寮的水梯田。

被日本人稱作棚田的梯田，屬於比較前現代化的農業景觀。怎麼說呢——梯田通常是延著自然地形開墾，沒有改變地貌坡度，也因此單塊面積較小，宛如等差高度般安置。梯田通常無法使用大型的農業機械耕種——面積太小、坡度太多、田埂就地取材用土推的，容易被壓壞。因此至今，梯田仍然倚賴大量人獸力來耕作。好比，貢寮山區登山客喜愛的桃源谷山徑，十幾二十隻慵懶黝黑的水牛景觀，就是原本貢寮山谷內梯田，農家幫忙耕作的好夥伴呢。

也因此，有別於幾個平原大規模的農作景觀，台灣的林務局曾特別選定了：花蓮豐濱的海邊梯田、貢寮山區的梯田、金山八煙聚落，來推行「水梯田暨濕地生態系統復育及保育」，試圖在人為低度介入自然生態的前提下，提倡生物多樣性。

這回要割的梯田，從山上面旖旎降到下頭的農家，總共有十五階。在綠意的山谷裡，彷彿金黃色的河流，流淌而下。我受在此地做水梯田生態保育的人禾基金會朋友禾屋號召，早上六點出門，搭區間車來到新北山區準備上山割稻。

人禾基金會的人們，特別是那些前輩女將們，各個都是生態觀察領域的高手，能夠上山下海，也能夠屏息等待鳥兒與蝴蝶撲翅路過。相比於強韌的身體，聲音卻是細聲細氣的，相處起來十分舒服。眾人戴上斗笠，人禾基金會的韻如姊，已然在水田中，拿著鐮刀示範割稻的方法——一次一把大概好幾株。左手帶手套，抓住要割的稻子，正手割稻，角度盡量低平，較省力而不需推鋸。

斗笠、著水田襪、左手帶手套，右手拿鐮刀。一次抓一把約五株，割好約十五株上下放成一堆，彎腰一叢移動過一叢稻子。

天氣很熱，炙熱的太陽灑潑在身上，習慣硬底平地的腳底，摩挲著濕潤的軟泥尋找踏穩腳步的方法。一開始覺得踩在泥地移動甚是費力，不久就覺得水未放乾的梯田，蒸散的水氣儘是勞動的救贖……而不止於此，在農作的同時，因為當地純淨的水源，田裡長滿了各式各樣的水生植物，浮萍、慈菇，甚至還有幾片田遍生白花紫蘇，在高溫下飄散著清晰醒神的紫蘇香氣，讓人產生割稻也是種享受的錯覺。生物多樣帶來的愉悅莫過於此吧！

田地主人因開過早餐店人稱美而美阿姨，為大夥兒準備了豐盛的割稻點心與飯菜。午前是使用自家種的絲瓜、跟蝦皮以及豆皮做成除醇厚的絲瓜湯品，以及清涼的綠豆糖水，搭配米苔目，鹹甜自由搭配。中午則在傳統石頭屋老房子裡擺上一大桌：苦瓜鑲豬肉封、地瓜葉、煮魚、自己養的土雞做的水煮油雞、炒筍乾、茄子、冬瓜湯，配上上一次收穫剩下的最後稻米炊煮的白飯。過了今日的豐盛，就是品嚐新收的好時節啦！

世人常說台灣以農起家立本，帶著斗笠的農村形象，馬上就聯想到家裡的阿公和阿嬷。我的阿公在彰化雖然有農田，不過因為父母早在都市工作，我自己實在是缺乏下田的經驗。

七月三十日

很熱的天氣，都市的瓜

今年夏天非常的炙熱，最起碼台北是這樣。

即使像是大白天在貢寮山間割稻，仍可感受到時不時群山間流動的地形氣流；在都市裡就是遲滯的暖熱空氣，灼熱著身體與建築。我懷疑此地人類無法居住。

為了節省電費支出，為了地球好、少開一台冷氣，週六的時候，透清早我跟學妹出門到台北老區廟埕吃早餐。然後趕在太陽還沒嚇阻人移動前，快快前往展覽場地和書店地帶。松山文創園區的閱樂書店是我近來的心頭好，雖然離家有段距離，但是木構的老房子，加上頗有品味的選書和乾淨的洗手間，加上外頭一灘池塘和蓊鬱的草木，提供不少可以蜷窩的不顯眼角落，即使進出逛街客不少，仍堪稱是我在東區會停留的落腳處。

這日實在是太熱了，簡直讓人無法思考。

點一杯冰黑咖啡，我嘗試翻著書，平靜下來，讀吳明益老師《睡眠的航線》。裡面有個角色是菩薩，菩薩以聽覺聆聽世間的苦難，因為深怕錯過一絲一毫，不得睡。讓人難受，要多少慈悲與愛，才能夠建構出這樣詩意的敘事，讀著讀著讓人降溫。原本還嚷嚷著，「太熱、太熱，在戰爭還沒爆發的時候，人們就會被自然摧毀了吧」、「為什麼不去海邊喝啤酒呢？」浮躁的我，就在吳明益老師冰涼的筆觸下冷靜了下來。在他筆下，世界彷彿由三個頂點所支撐：神明的、人的、自然的，神明是永恆的慈悲智慧，人是困苦而不斷同自己與同類爭鬥、回憶與遺忘交纏，自然卻是另一種輪迴的美麗強弱排列與包容。我輕輕地被文字所撫慰，愚昧如我，生活在有神靈以及廣袤又脆弱的自然之中，真是太好。

回過神的時候，書店裡的客人也少了。真的清涼降臨了嗎。

因此不小心打了個盹兒，醒來離跟朋友約好去他家吃飯的時間有點遲了，快點收好書包去吃飯。遲到一小時，還好對方也不怎麼生氣，彷彿路途中意外睡著是可以原諒的事。很久沒一起吃飯，大男孩兒煮了自製洋蔥番茄紅醬的筆管義大利麵要給我嚐嚐。好朋友是這樣的——招人去吃飯，不需要什麼目的，有時一起同桌吞嚥，就是友情存在的說法。

酒足飯飽，大男聲微醺從冰箱掏出一顆綠生生的瓠仔給我，說他不想多花心思買麵粉了，同事給他的，這顆給我。如果我有做瓠仔煎餅，記得叫他來吃就好。

隔日依然炙熱的週日中午，我先拍了照，將這顆生了美麗綠色虎班紋路的瓠仔切一半，鍋中用澎湖狗蝦米文火煸香，加細細的嫩薑絲、米酒煮來吃。這瓜真好吃，還水嫩，吃不出籽。俗諺說種瓠仔生菜瓜，大概是烹調法約略可通，煮絲瓜的方法瓠仔也還撐得起——絲瓜能做煎餅，瓠瓜應該也行。

我的味覺經驗中，實則只在錦州街的美麗台菜吃過招牌絲瓜煎餅，覺得依樣畫葫蘆也行。一點麵粉，一點地瓜粉，一點鮮香，煎得恰到好處，起鍋灑一把白芝麻。剩下半顆瓜就這麼辦了吧。

依稀記得朋友慵懶癱在沙發上，說是他辦公室同事媽媽種的。我好奇了，問他同事的媽種在哪啊？「種在長得出瓠仔的地方，我怎麼知道。」酒醉的男孩，臉紅紅地搖搖手，是夜，我懷抱一顆都市的瓜，經過很長，很長的羅斯福路回家。

後記：遊子的日常回憶

此照片短篇寫出後，有旅居澳洲的澎湖遊子回應，她家會用更清鮮、幽微的方法來整治這個瓠瓜，就是用手撕碎扁魚乾取代狗蝦米。她說著說著說在異鄉想家。大約讓人思鄉的都是這些無法取代的日常。

扁魚乾

八月四日
台味九層塔香干

最能夠代表台灣味的香草植物是什麼呢？大概是九層塔吧。

九層塔是一年生植物，不少家庭門口盆栽或院子也有種。媽媽做菜覺得少一味就會差遣小孩去摘、或跟隔壁鄰居要個幾片。本來，九層塔在買菜的時候通常是小販打通人情的贈品，或極便宜的點綴。到生鮮超市裡，看到用保鮮膜包好一包數十塊的香草，有時還買不下手。

九層塔有濃厚的精油氣味，接近茴香，強烈而帶侵略性格。台菜通常是起鍋前點綴，特別在廟埕辦桌、海鮮快炒店，油潤熱燙的咖啡醬色中，起鍋前用辣辣的餘熱激發草本香氣，頗能平衡味覺嗅覺。三杯雞、三杯中卷、醬炒海瓜子，都少不了這味——更別說夜半街角的守護神，鹹酥雞——小販會把九層塔一起拿下去炸，個人覺得配炸魷魚腳，非要有這味不可。

九層塔植物分布很廣，亞歐非，有強烈陽光和不過多水份的地方，都能夠長得不錯。地中海地區的義大利人也喜歡它的親戚甜羅勒，羅勒的味道圓潤些，葉片柔軟些，義大利料理中的青醬就是羅勒跟松籽、橄欖油打出來的。若想要製作台灣風味的青醬，不妨試試用九層塔、水煮花生、蝦皮和冷壓油品這樣的組合入食物調理機攪打，也有一番風情。唯要注意的，紅梗九層塔氣味較重，做醬不宜。

今天做的這道九層塔拌豆干，其實是江南料理馬蘭頭拌香干的在地化版本。馬蘭頭是菊科的小野草，時到春日就從地裡冒出來，喜歡吃細嫩時鮮野菜的江南人就從地裡摘了，燙熟抓乾切碎，跟著碎豆干，淋一點香油、糖、鹽、烏醋，吃野菜的香氣。台灣沒有馬蘭頭這樣的野草，已故美食家王宣一曾經使用細幼又帶香氣的茼蒿來取代，這回我仿效的是點水樓的作法，用綠梗九層塔來代替。他鄉食物，跟著人在地化，莫過於此。

八月六日

奶酥烤水果

身為台中人，童年回憶滿是，泡沫紅茶店裡香濃誘人的奶酥厚片烤土司，也是很合理的吧。

長大了，覺得外頭的奶酥抹醬吃多了不好，多是棕櫚油脂做成的；貨真價實、使用奶油做奶酥不甚困難，今天就跟大家分享的料理就是奶酥烤季節水果，是一道不需要特別器具，以小烤箱也可以輕鬆完成的甜點。帶有烤水果因為溫度轉化的香甜，以及奶油與麵粉烘烤後的香氣，吃的時候配上一球冰淇淋一起吃，十分過癮。

這邊的奶酥配方跟奶酥麵包中餡料的奶酥不一樣，我們單純使用麵粉、糖、奶油，用三等分方式混和。把冰透的奶油切成小塊，混到中筋麵粉以及糖裡面去，用雙手把它抓散、不需要揉成麵團，「千萬別太認真仔細」，用日理萬機空閒時的心情來做，力求「差不多」即可。太認真揉捏出筋，鋪在水果上就失去奶酥隨性的況味，反倒變成麵皮就不對了。

常見的糖奶餡風格的奶酥，做起來也相去不遠：把成分中的麵粉改成奶粉，就是抹在後面土司上充滿奶香的奶酥。有些配方還會加入椰子粉增味。

把手工做好的奶酥先暫存冰箱低溫備用。然後閱兵檢查家裡有什麼水果，冷宮中的酸果子也別怕，烤後甜味自然會突顯出來。加蜂蜜或灑點糖作弊增加甜度，也是好方法。這次我找出了百香果、芒果、香蕉，這三樣夏日盛產的水果出來。把百香果內容物倒出來，加上蜂蜜調整酸味，跟切丁的芒果漬在一起，裝在烤盤、烤杯中。接著疊上切片的香蕉，灑放上剛剛捏抓好的奶酥，就可以送入烤箱烘烤。

三十分鐘後，上面的麵粉奶酥會轉為酥脆，下面的水果和融化的奶油會水乳交融軟化。再舀上一球冰涼的冰淇淋，口中衝突的：酥脆、柔軟、冰涼、溫熱，便是美好的味覺體驗。這道是簡單又很適合拿來做一餐結束、招待友人的點心。使用李子、桃子、灑上肉桂粉的蘋果、莓果，都很好吃。

想跟大家分享這道料理是有鑑於近來食衛署發佈不鼓勵民眾食用反式脂肪，美國有鑑於此物對健康的危害，FDA更是發佈命令，三年內美國廠商必須逐步停用反式脂肪。而我們日常生活中最常見的反式脂肪所在，便是富含氫化植物油的酥油、奶酥、乳瑪琳等。台灣人有吃素的需求，因而有所謂的植物性奶油，殊不知為了使植物油成分穩定的加工，會給心血管帶來更大的負擔。

如果你真的嘴饞想品嚐香濃的甜點滋味，不妨試著自己動手做吧。挑選奶油、糖、麵粉，搭配水果，不會有任何你預期外的原料吞下肚。讓食安從動手料理開始！

【奶酥】

奶油（推薦使用法國產地認證的奶油，特別香濃好吃）80 克、糖 80 克、低筋麵粉 120 克，以上是奶酥烤水果使用的配方，用手粗糙地混和即可。

若是台式麵包使用的奶酥，則是奶油、糖和奶粉的混和。參考比例為 2：1：1。

奶酥厚片

奶酥烤水果

八月十九日
餛飩日常

老家台中第二市場有間顏家餛飩很好吃，父親喜歡點一碗他的台式餛飩，配上一顆肉包，當下午點心吃。我後來發現還有另一間系出同門，親哥哥開在第五市場的餛飩店，感覺更簡便些，便不時去吃。真要說起來，他們家的餛飩湯，除了小餛飩包的乾爽又滑口，肉餡新鮮之外，特別的是湯裡多灑了點黑胡椒粒，顯得精神氣。

有時逛菜市場，看得喜歡我也會自己買些生鮮餛飩。買回家，起滾水、下高湯，餛飩一燙就熟，灑點芹菜珠，就非常美味，吃不完的放在冷凍庫，深夜嘴饞很能救火。在台北的週末，如果搭著電聯火車在北台灣晃盪，我會在雙溪站下車，早晨時分火車站前當地人擺的菜市場，可以買到由馳名的雙溪黑豬肉做成的小餛飩，滋味濃郁，很好吃。

但如果有些時間，不妨自己做。

早起，上菜市場，跟熟悉的豬肉販說明，「要包餛飩的」，他會為你把肉絞得更細更細。腳別停，往前走到菜攤，買一把蔥、一支嫩薑；轉角的麵店買一疊餛飩皮，這樣就能回家準備包餡的節奏。

如果包上一大盤飽滿水餃元寶，是屬於熱鬧迎接春節的，包餛飩所使用的薄薄麵皮、細緻的餛飩就更貼近台灣味的日常──在盤子裡撒上麵粉防沾粘，取一正方形的麵皮，用湯匙或冰棒棍子抹上肉餡，對摺，把左右兩個尖角黏糊收好，手起手落就是一粒餛飩仔──手別停，還有一大疊麵皮呢。

肉餡買回來處理的秘訣，是半斤絞肉大概要打上五十毫升的蔥薑水。把長段的蔥用手撕成條，切幾片嫩薑，在水中細心搓揉出蔥薑的黏液，就是去腥提鮮的蔥薑水。蔥薑水外，來一匙米酒、一顆蛋白、一湯匙太白粉，跟肉好好拌勻打出黏性，就是好吃的肉餡。

我自己特別喜歡的吃法，是把餛飩燙熟後撈起，拌上香油、烏醋、香料辣油、一點醬油，做成乾抄手來吃。下面不妨墊上一把切碎的青鮮的羅蔓生菜，搭配香辣滾燙的抄手來吃，口腔中頗有清新與勁辣對比的趣味，就是週末早午餐的首選。

八月二十日

中橫的氣味：山當歸雞湯

對中部成長的人來說，中橫這一端鄰近的幾個節點是很熟悉的：霧社、廬山、梨山、翠峰、清境。就近泡溫泉會往這些後山地方去，在雲霧繚繞和險峻的中央山脈山谷旁，享受蒸氳熱泉湯。當然這些點也是著名的高冷蔬菜產區。價高清香的大禹嶺茶就是出自於這蜿蜒的山頭。過去中橫種植高冷蔬菜水果，桃、李、蘋果、高麗菜、白菜，始於政府安置來台榮民以及籌備開通中部橫貫公路，農復會設置三座高山農場種植溫帶農業，準備公路工程糧食以及榮民就業輔導。

這些操著外省口音的老先生光景已隨時間淘洗不再，少數可看出這曲折的大時代歷史的，恐怕是清境農場邊上，由國共戰爭時期輾轉來台的滇緬後代經營的滇緬傣料理店家。如今路邊販售芳香水果與蔬菜的臉龐不少是土生土長的原住民農戶，深刻的臉龐推薦當季好物，偶有穿著厚外套的外配顧攤，溫帶物產也好、他鄉人兒也好，都在這高冷的山上落地生根了。

這個季節最令人驚喜憐愛的，莫過於台灣蘋果的早汛，秋香蘋果。秋香蘋果個頭小，八月下旬開始收成，是最早上市的自產蘋果。秋香咬起來非常脆，咖滋作響，由於改良自富士蘋果，有類似的香甜蘋果牛奶氣息，不怎麼酸。帶去上班當午餐水果吃，是非常剛好的大小。加上沒有長途運輸、不噴臘，連皮都可以吃掉呢。

另外這邊種植的山當歸，是我每到中橫仁愛鄉一帶必買的蔬菜。山當歸長得有點像山芹菜，又稱鵝腳板，散發濃濃的當歸中藥氣味。把根部洗淨，連纖維較粗的莖切下來，一起跟雞放到爐火上燉到出味，就是一碗好喝補氣的山當歸雞湯。

備妥春雞一隻（兩人份）、蒜頭十顆、山當歸根莖兩株、乾燥牛蒡、米酒，把剝皮蒜頭塞到春雞腹內，先在鍋內乾煎一下雞表皮，讓味道更濃郁。加入米酒、適量水、山當歸根莖、乾燥的牛蒡（之前沒吃完曬乾的），蓋上鍋蓋，煮滾到出味即可。起鍋前薄鹽調味、上面放一片綠意山當歸葉裝飾即可。

山當歸

八月二十一日

豆子的黑色幽默：黑豆三吃

做菜這事兒很微妙，有時候是詩意的創作組合，有時候是物理化學，製作豆腐基本上就屬於物理化學實驗的這邊……。

二零一六年是聯合國訂立的國際豆類年，聯合國農糧組織自一九五七年來，會擇年選擇重要議題當做該年度推行目標，呼籲世人的重視。長在莢裡的豆子，可以生食、煮食，也很方便曬乾後保存，是人類數千年來的重要食物。更因其富含蛋白質、澱粉，可以為缺乏肉食或素食者補充營養，種植的時候還能夠固定土壤中的氮、恢復地力，實在是非常好的植物呢。

支持農業議題的老朋友浩然基金會，捎訊息來說想要以這為主題，在農夫市集做「黑豆」主題的飲食活動，我欣然同意，想到能夠用台灣不同地區農民留種、充分展現生物多樣性的美好黑豆種子來製作出不同的食物讓人們領受種子的威力，實在是覺得充滿挑戰地開心。

這次使用的豆子來自宜蘭的黃仁黑豆，雲林水賊林的青仁黑豆（台南三號），其中宜蘭這支豆子是當地農民世代種植數十年的品種，具有農民世代留種培育地方特色品種的性格；再搭配屏東滿州鄉暱稱為黑珠豆的原生黑豆品種加工製作的豆豉。

我一下子就決定好要做哪些豆子菜色來呈現出豆子的質地與美味：從黑豆漿做起的豆腐、點綴蜜黑豆的豆漿奶酪、讓人可以吃飽的黑豆炊飯。

把乾燥的豆子泡半天膨大，然後用果汁機打個粉碎，再將這樣豆渣漿用紗布袋過濾、擠出豆汁，放在鍋中好好地煮沸、撈去浮末。煮沸這道步驟是特別重要的，這樣才能去除生豆汁中會使人拉肚子的皂素。到這裡，我們已然得到一小鍋熱呼呼並且充滿豆香的豆漿、以及一大砵的豆渣。

附帶一提，來自宜蘭花田厝這批黃仁黑豆，雖然個頭小，但泡水後，隨著漲大，散發出清澈的蜜香，接近二號砂糖般的香氣，非常迷人。我貪戀地嗅聞黑豆水以及飽滿黑豆散發出來的甜蜜香氣，水捨不得扔，給宜蘭種黑豆的農民花媽知道了，她蠻不意外地聽我讚美她的種子，說，那黑豆水也是飽含營養素的，煮開當茶喝吧！而青仁黑豆泡發、做出來的豆漿，算是平反了我對市售一些豆腥味明顯豆漿的怨念。我本以為是製作技術不好，或人工添加物的差別，讓有些品牌的市售豆漿就是有那麼個不討喜的氣味；經我同樣方法用不同品種豆子做豆漿的實驗，其實品種真的影響不少。下回要惜福些，想豆腥味也是某些豆類種子的生命力證明。

豆漿降溫到約略攝氏七十度時，加入鹽滷（按照市售鹽滷標明的建議比例），豆汁中的蛋白質便會緩緩如雪花雲片般地凝聚在一起，分離出清澄的水份液體。拿出農民市集買的家用型豆腐模，鋪上浸濕擰乾的棉巾，倒入已開始凝結的豆漿，等一會兒，仔細地從四邊摺疊覆上棉巾，放上木蓋以及重物，把多餘的水份壓出，不一會兒豆腐就做好了。

自製的豆腐，帶有口感，略微結實，充滿豆香，非常好吃。特別適合那些厭倦軟嫩豆腐的口舌食用，請扎扎實實地體會豆類蛋白質的質地吧。

後記：踏出做豆腐的第一步

豆腐模哪裡買？台東公東高工工藝班有製作販售、花博農民市集、以及深坑豆腐街、網路賣家也找得到。台灣海洋深層水公司有鹽滷產品、布袋洲南鹽場、或是一些健康食品行找得到同樣用途的原料。豆腐巾、豆漿棉袋，一般的十元商品店、烘焙材料行均有販售。

【黑豆臘腸飯糰子】

南門市場臘腸 2 根，泡水黑豆一杯半，米 3 杯，乾香菇 5 朵泡開切絲，青蔥與青蒜適量。

將黑豆前一晚先泡水備用。米泡過水後，加入切片臘腸、泡好的黑豆、乾香菇。炊飯水用醬油、香油調味。入電鍋炊煮即可。

【日式蜜黑豆】

熟黑豆300克、醬汁（醬油30克、黑糖150克、白砂糖300克）

取出煮熟的黑豆，放在鍋中加入醬汁調味材料，小火翻炒至收汁即可。可酌量加入麥芽糖增加光澤感。

【豆漿奶酪】

豆漿 400 克（其中 100 克可用鮮奶油取代，增加香濃口感）、吉利丁 9 克（3 片）

吉利丁泡冰水變軟備用，加熱豆漿微滾，即熄火，加入吉利丁，放冰箱冷藏固型。

不知道什麼時候開始，買嫩豆腐好幾年了。好吧，唯一的例外是皮蛋豆腐，皮蛋的臭香氨味若配上傳統板豆腐的豆腥味，還是有點太強烈了，只好配水水的嫩豆腐。但是說到湯物等等，還是板豆腐好——姑且定義嫩豆腐生存的意義就是為了人們生生的吃它。據說更古早之前，豆腐的質地是可以非常結實的。日本寺廟和尚吃的精進料理，傳統中豆腐質地緊緻到可以用草繩打包了拎回山上吃，可見一斑；至於雞蛋豆腐，不能算是豆腐，比較接近蒸蛋囉。

真是不好意思了。

台南攤販就是這樣，一視同仁，不能因為前面顧客的好奇心而殺死一鍋好湯。平等的滋味在牛肉湯的實踐中，展露無疑。

台南牛肉湯有名，跟其擁有牛墟的地理區位優勢有關。除了週一到週二的夜晚跟早晨牛墟不殺牛之外，其他時間都有新鮮牛肉可吃。府城的小吃店家，會用最快的速度送來新鮮牛肉，片成肉片，滾燙的湯一沖，把粉紅的肉片燙熟，就是美味的台南牛肉湯。

這回我身在台北，要挑戰這道經典料理。第一件事就是上傳統批發市場的台灣牛肉攤，買牛肉跟牛骨。這種地道攤販收得很早，早上十點就差不多收光了，我闖了進去，老闆娘帶兩個外配的女助手，秤了兩斤牛骨給我，還有我要份量的牛肩小排。這牛肉紋理豐美，忍不住問了一句「這是什麼牛的肉？」被老闆娘沒好氣回「我只賣台灣牛！」受教了。

回家用牛骨兩斤、米酒半瓶、玉米四根、番茄兩顆、洋蔥兩顆，加上三公升水剛好可以燉上一大鍋湯底。調味用薄薄的海鹽、幾片黃耆、五粒草果，煮到洋蔥軟爛，就差不多是牛肉湯底好的時候。

碗中備好薑絲、微凍時用肉刀片下的牛肉片，加入滾燙的湯，就是一碗向台南人致敬的好味牛肉湯。

台南牛肉湯
配肉燥飯

八月三十一日

桂花川貝燉蜜梨

最近工作忙，晚上朋友約吃飯更是要出席，互說近況，調劑身心。朋友說起離開老家選擇到台北打拚剛滿一年，想讓產業環境變得更好一點——讓更多的年輕人、後起之秀能夠留在這個產業裡，但也惆悵說起，「不過，在台北，要什麼優秀的人沒有……」要掙出頭非常不容易啊，我心裡默默幫他補完這句吾世代的潛台詞。

安靜聽朋友說話，心裡有些共感，幾個人站在店門口，讓抽煙的人呼吸。路燈下，人們的影子長長拖在地上，煙輕輕冉冉地消失在夜裡，彷彿替主人說辛苦。聊完散場，回家後不知道是因為多吸到了幾口煙，還是時至白露，秋日的感應讓人忍不住咳嗽了起來，遂決定要做川貝燉梨，不敢稱有療效，但跟著時節溫熱吃原本偏寒的果物，潤肺生津倒是不錯。起碼好過吃甜零食。

上中藥房抓點川貝，水果店買幾顆梨子，梨子切一半，用湯匙挖去酸瓤，倒入川貝、依個人喜好加些冰糖或蜂蜜，拿到電鍋蒸，就是秋日的川貝燉梨。川貝粉吃起來酸味中帶點清苦，有濃厚的中藥氣息。不需加多，跟著蒸出來的梨汁給果肉蘸著吃，平衡下挺爽口，煮熟後的果肉質地也溫柔了，是植物剛強的細胞壁被高溫馴服的成果。

說到秋日，我總會想到桂花的香氣。台灣人很可愛的一點，是喜歡種香花的盆栽大過於妍麗的萬紫千紅，所以夜晚走路途經小巷，充滿了嗅覺的記憶——這家的桂花盛開，那家的茉莉幽微吐露芬芳，還有含笑、梔子花，像秀氣的絲線瀰漫空氣中。偶有霸氣的夜來香，薰人的月桃，或是花朵如炸彈蓬裙奔放的夜曇花——曇花無甚香氣，我媽會務實地把它摘來做羹湯。我家院子就種了棵兩層樓高的大桂花，一年四季都開花，多少的差別而已。爸爸的車子停在下面，還須

九月四日

山藥泥蓋飯與玉子燒

長輩常常覺得山藥是很滋補的食物，大概是它顏色潔白，富含滑液粘性。

一般的作法很簡單，山藥切塊，丟到鍋中跟排骨一起燉煮，就是美味的山藥排骨湯。原本脆口的山藥在燉煮後，會轉的鬆軟。而生食時富含粘性讓人覺得滋補的部分，台灣人好像都會把這樣的口感連結到「顧胃」的感受去。所以呢，翠綠柔軟的皇宮菜、會沿著籐蔓長出小小零餘子塊莖的川七都被說是有顧胃的效果。是不是真的有此療效，不得而知。不過我倒是很享受食物不同口感提供的奧妙感受。除了口感之外，山藥富含礦物質維生素，特別是陽明山山區山藥產銷班種植的山藥，因為位於火山地質間，相關微量元素豐沛異常。

因為最近工作疲累，想要吃點平常沒吃的東西，又有點懶得咬東西，想要稀哩呼嚕地把東西吞掉——工作沒有辦法那種和稀泥式豪邁吃法，那就是山藥泥蓋飯了！山藥泥蓋飯做起來很簡單，只要拿出磨泥的砵，皮可削去可不削，嘩嘩嘩地，爽快地沿著砵緣畫圈，山藥泥就可以輕輕鬆鬆磨好了唷。磨好的山藥泥，加入淡口柴魚醬油調鹹淡，淋在飯上，然後就可以大口地吃掉啦。

日本人習慣用麥飯來搭配山藥泥蓋飯的料理。台灣剛好這幾年民間種植雜糧小麥有成，相對容易在通路買到台產小麥，可以用完全來自台灣在地的食材來製作可口的山藥泥蓋飯。而我這次用的是彰化大城小麥，品種是台中二號。把今年新收的台中二號小麥，與台南十六號的白米，一半一半，泡水半小時，入電鍋炊煮。開關跳起，不急，悶一下，拿飯匙拌勻，再悶一下，耐心是米麥飯好吃的秘訣。

用不完的山藥泥怎麼辦呢？可以加到打好的雞蛋裡，放到平底鍋中文火煎。這樣的雞蛋煎出來會非常蓬鬆柔滑，是低技術就可以完成的玉子燒雞蛋捲料理。根據喜好灑上鹹味的小魚乾、海苔，就是簡單滿足的一餐。

九月七日
土鍋種種

如果土鍋有神明存在的話，那我一定是土鍋宗教的虔誠信徒了吧，不時用米飯和湯物膜拜。

剛開始工作的時候，手上的閒錢沒那麼多，但我還是毫不遲疑地買了一個輕量土做的小土鍋，不算便宜，但非常實用。土鍋，顧名思義是用泥土陶土製作的鍋子，原本泥土裡的有機質在高溫燒製的過程中化去，讓土鍋的鍋壁實則含有成千上萬肉眼不可見的細孔。這些細孔一來減輕鍋體的重量，二來提供空氣空間，空氣是最好的蓄溫保熱的材質，這讓土鍋燉煮出來的食物，口感格外的溫潤易軟。

土鍋也是人類文明中非常古老的器皿了，在還不會冶煉金屬之前，人們都是用土來馴服炙熱的火焰，轉化食物由生轉熟。某年冬天，我也給家裡買了一個大土鍋，用來煮火鍋，柴魚昆布湯底、蔬菜、豆腐、肉類，先在爐上煮到水滾食物熟，趁熱端上桌，一掀開鍋蓋，家人都嘩地讚嘆樸實土鍋蒸氣中鮮潤的食材和湯。最後在充滿鍋中食材精華的湯汁中加入半碗飯，煮成稀飯雜炊，起鍋前打上一顆蛋花，是日常最平凡的奢華了。

一家圍著一鍋，一爐，就是幸福和完滿的象徵；這件事從人類有文明以來從來沒有改變過。

有時朋友來家裡吃飯，我也會用土鍋做炊飯。土鍋炊飯比用電鍋做的好吃非常多，據說是鍋壁保熱的熱輻射讓米粒更加有均勻滋味的緣故。炊飯，為了讓起鍋後米飯粒粒分明，我偏愛使用秈米類型的稻米來烹煮。最近發現台中一九四號這隻以台梗九號稻米跟印度香米之王 Basmati 雜交出來的品種，帶有香味且Q彈，拿來做炊飯也十分合適。

米飯洗好，用一比一的水份在鍋中先泡半小時——這是不能省略的炊飯美味秘訣，然後把泡發的香菇、臘腸、青蒜、無硫金針乾均勻灑在上頭。考量添加食材以及乾貨的比例，可稍微再添加一些水份；最後淋上香油、我以豆豉取代部分醬油調味，接著就可以蓋上鍋蓋小火煮飯啦。

大概煮個二十分鐘，開蓋查看一下米的狀態，就差不多煮好了。但千萬別心急，要好好利用這鍋的長處，悶一會兒，讓降溫的水蒸氣豐潤米粒，就可以開蓋攪拌起鍋啦。趁熱享用！

九月十六日

中秋烤肉：沙爹風味烤肉醬

新工作開始，連假也有必要的工作要執行；抓準一天空檔回家，正是中秋時節。

前一天十二點多才到家，澡都是早上洗的。睡醒備好接下來出差的行囊，搭早班的的高鐵回家。連假的車票真不好買，機器操作的眨眼間，一班車票就被買完了。我按了兩次，選到最近的一班車票，上車昏昏沉沉睡到台中。到底趕回家，家人顯得很開心。

想著阿嬤叨唸著好久不見我，收拾一下，全家往彰化老家前進。中部饒是得天獨厚，兩個颱風的空檔中間，除了壓得低低的雲海，不見風雨。老家在丘陵山邊，彰化雨下到中午，連日濕潤，草皮冒出斗大如高爾夫球的白色馬勃菌。爸爸好奇，為什麼每次野蕈都長在差不多位置，我跟弟弟解釋，在菌子冒出頭之前，早在地中長滿了眼睛不可見的菌絲；自然每次冒出菌傘都是差不多位置了。馬勃菌可食，我們貪食野味，把它摘了，列入晚上夜烤清單。除此之外，弟弟還拔了香茅，準備拿來加入晚上的烤肉醬中增香。

今年的烤肉準備了沙爹風味的烤肉醬，由弟弟當兵同梯的小廚師分享配方：洋蔥、大蒜、咖哩塊、花生醬以四等分比例混和，接著以魚露醬油、薑末、辣椒、香茅、檸檬汁調味，做成土黃色的沙爹醬。起了炭火，刷在豬肉片或是雞里肌上真是非常好吃。一入口，滿腦門的香料，辣度中帶著溫存，非常美味。而馬勃菌烤了之後，菌香濃厚，口感軟棉像豆腐。料想除了煎烤，其他方法應該都不怎麼適合。

肉類我們準備了蘿蔓生菜葉一起搭配著，用手抓著吃，解膩同時也攝取入均衡的蔬菜。靈感來自韓國烤肉或泰國北方的料理。還有幾隻抹鹽的香魚，用炭火慢慢烤到魚皮膨起，肉質細緻，清甜帶腹腔苦，真是太好吃了。肉不能單吃，趁著圓滿的月色和晴朗的夜空，我們準備了三支好酒：有小強尼戴普暱稱的一隻澳洲酒，西班牙金星啤酒，以及冰箱中沒喝完的久保田清酒。

澳洲在葡萄酒產區屬於新大陸，這隻因為以法國畫家 Courbet 自畫像為酒標的紅葡萄酒，跟強尼戴普的臉極為神似因而得名；生產這支酒的酒莊後來被高價酒商 Penfold 收購，專門生產高架的 Bin 95 grunge 酒。意思是，同片土地以及葡萄莊園在易主後，價格飆漲之意。我有幸收到幾支，其實我的父母對葡萄酒並不擅長，但酒標的藝術家他們是熟悉的，好酒跟家人天涯共此時，不必千里也能嬋娟十分開心。清酒配香魚，啤酒則是百搭。特別一提的是，這支金星啤酒也是頗有身世——原為西班牙分子料理餐廳 El Bulli 指定配酒，泡沫細緻，混和清爽的拉格啤酒以及具柑桔以及香料香氣的小麥啤酒製成，有啤酒中的香檳之稱。帶氣泡的酒款，可以有效舒緩口腔的油膩跟辣度，通常被認為可以拿來佐中式料理。這款金星啤酒，搭配南洋風醬料的烤肉，只能說絕妙。

中秋夜烤，吃巧不吃狼吞虎嚥，新鮮蔬菜與細緻風味好酒，缺一不可。

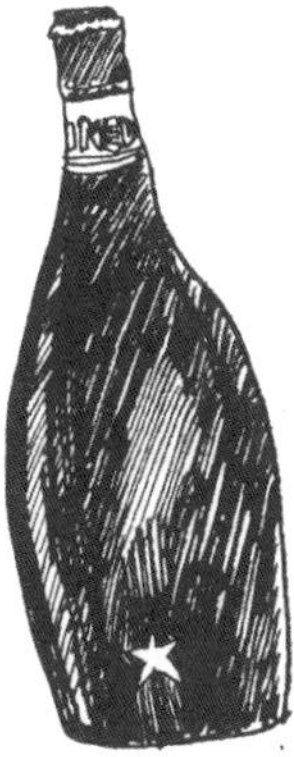

金星啤酒（配沙嗲烤肉）

九月十八日
蜂蜜漬堅果

這次想聊聊蜂蜜。蜂蜜是人類長久以來的好朋友，從兩河流域的美索不達米亞文明時期，人們就畜養蜜蜂；以草木泥巴做成一窩窩的蜂箱，把流動金黃的蜂蜜當作自然的恩賜。在歷史中有很長一段時間，糖與甜味是昂貴的享受，而非尋常可得之物。

把糖跟奢華做連結，對台灣人來說可能很難想像。畢竟位在亞熱帶的台灣，蔗糖種植豐富，自十七世紀荷蘭東印度公司來台便有規模地種植甘蔗和製糖。因為這項甜美的物產，讓台灣一腳踏入海洋時代與全球貿易的網絡。

大概是因為這樣，台灣人對甜味發展出很細膩的品味。放眼全球，可能只有台灣人會細心叮嚀茶飲店家要「半糖、微糖、七分糖、全糖」，這大概也是台灣作為產茶又產糖的富饒島嶼，才會產生的獨特現象吧。

蜂蜜中最受台灣人喜愛且常見的口味非龍眼蜜莫屬。龍眼蜜香氣濃郁，呈現琥珀般的顏色。蜂農們抓準春天龍眼花開的時期，將蜂箱一車車運到龍眼果園，採飽了花蜜，在蜂巢中發酵甜釀，到了盛夏就可以收成。

我在彰化八卦山腳下的老家就有一片龍眼園，蜂農放置蜂箱，總以大瓶蜂蜜回饋，因此在盛夏時分，阿公還在世的時候，他總會在冰箱裡備好蜂蜜水，讓出外玩得滿身大汗的孩子，回到屋裡就能喝。蜂蜜的糖分類型屬於單醣，很容易被人體吸收，疲累的時候喝起來效果奇佳。

這次我們來嘗試一種簡單的作法，把喜歡的堅果放到烤箱，以一百二十度烘烤十分鐘至香氣散出，搭配喜歡的果乾，如葡萄乾、龍眼乾、蔓越莓乾、鳳梨乾和芒果乾等，淋上蜂蜜蜜漬。堅果飽含不飽和脂肪酸，是很好的油脂來源，兩者搭配起來也很好吃喔。

將蜜漬堅果拿來搭配氣味濃厚的藍紋乳酪，香甜的蜂蜜可以調和藍紋強烈的乳酪氣息。法國的霉乳酪和台灣的臭豆腐，都是出格的味覺經驗；愛者恆愛，未愛者需要點勇氣。奶與蜜，這兩者都是美好而直接的食物，從古時候就是神口中的好搭檔，加上脆口的堅果和馥郁果乾，便成為流淌著奶與蜜的味覺樂園！

九月二十二日

療癒系剝皮辣椒雞湯

時過秋分，夜裡的空氣就準時地變涼了。

涼風徐徐地吹，吃點什麼好呢？在臉書上問眾親友，什麼樣的料理最能滲透身心帶來撫慰，本來大家討論還挺分散的，但在一位花蓮光復鄉的阿美族朋友說出「剝皮辣椒雞湯」後，大家的胃口一面倒地饞起來，紛紛想吃剝皮辣椒雞湯，當晚此道湯品榮登嘴饞療癒第一名的料理。

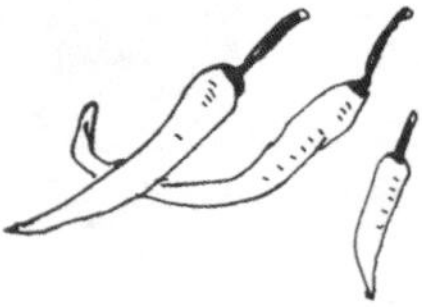

好吃的剝皮辣椒雞湯秘訣是什麼呢？根據我吃過的知名台菜料理作法，不單是雞肉和辣椒，特別加入了小魚乾讓鮮味畫龍點睛。不得不說，加小魚乾的作法真的是一妙筆，魚乾這類乾貨富含鮮味物質麩胺酸，跟鹹中帶辣帶甘的剝皮辣椒湯汁搭配起來，給予了湯品層次，非常好喝。

這次因為是下班的宵夜料理，我選擇味道和膠質都很豐富的土雞三節翅膀三隻，切入嫩薑片，倒入六根剝皮辣椒和一些剝皮辣椒水，放上來自日本瀨戶內海伊吹島的小魚乾以及澎湖的扁魚乾幾片。水加到淹過材料多一些，就入電鍋燉煮，外鍋放兩杯水煮得軟爛些，跳起來就能食用，非常省事。

以上的材料大家應該都非常熟悉——除了醃漬的剝皮辣椒。花蓮朋友大方分享自家剝皮辣椒作法：選擇肉厚的辣椒，入鍋油炸後剝皮，以醬油、米酒、糖調成醬汁醃漬，就是東部名產剝皮辣椒罐頭。其實這剝皮辣椒，起初也是農人愛物惜物，辣椒長多了吃不完，變著方法保存，沒想到製作出另一種轉化的風味。醃製的醬汁各家有各家的配方，有些人家喜歡清醬油、有些人家喜歡日式風味的鰹魚醬油，有些人家吃的甜些，有些人家酒精濃度高，端看喜好和用途來製作。總之挑選上，以口感帶脆、味覺會辣為上品，辣椒這樣的季節農產品，要每批醃漬物味道都一樣是不大可能的。各家口味不妨多試幾次，找出自家傳家之蘊藉辣勁。

出身農家的好友特別提醒，剝皮完可泡冰水讓口感更清脆、皮也好剝，不過要剝皮時要記得帶塑膠手套——不然做完一批醃辣椒，包準手熱辣紅腫個三天三夜，身體比嘴巴有感，得不償失。晚上做好的雞湯我喝了一碗，剩下的，就留待明天早晨煮雞湯麵吃。

剝皮辣椒

九月二十八日
扁魚白菜

颱風肆虐完後，菜價著實高昂。農家子弟的朋友早就說了，趁菜價還沒太誇張吃多少算多少吧。望著一把平常三十塊的青菜硬生生漲到五十塊，真正菜金要比肉還貴了——而貴的不只蔬菜，花藝園卉受到影響，平常拿來插瓶花的桔梗也貴到以枝計價。不只煮婦難為，少女心也很難為。

這時候市場出現了一批長得容長的大白菜，一般俗稱天津白菜的品種，價格倒是平實，小販壓低聲音告訴我「這韓國進口的，現在買這個划算，賣你一斤四十就好。」原來如此，我本來就喜歡長白菜纖維較細緻的口感，立刻要了一棵。

長長的白菜，拿在手上像個小砲彈，一顆可以煮兩餐，煮婦抬頭挺胸，這下可以報效廚房又不動搖家本了。

這種長白菜的口感跟一般長得胖碩的大白菜口感不大一樣，煮台式白菜滷沒有常見的大白菜合適，做奶油白菜、下酸菜白肉鍋倒是不錯。這回就從白菜滷的調味方式借些靈感，來煮個家常白菜吧。我的冰箱常備澎湖扁魚乾，這味用油煸香了很鮮美，是高湯和白菜料理的加分利器，和也是常備的鹹培根來煮白菜。附帶一提，油要是小火炸過扁魚，可以濾過拿來當香料油使用，淋在乾麵上很香。扁魚則變成酥脆的扁魚酥，是台菜畫龍點睛的暗器之一。

鍋中下奶油，或一般油，奶油融了或油開始溫熱了，放入扁魚乾數片慢慢煸香。等到香氣傳出，我會放入切碎的培根丁——這味跟奶油很搭的，等培根油脂慢慢釋出——這一路都別心急，小火即可，等到魚乾與培根兩者香味交融了，囫圇放入切好的長白菜、加點水、灑點粗粒胡椒，蓋上蓋子，記得開蓋翻攪，等菜葉軟爛，就可以起鍋盛盤上桌了。這樣煮出來的白菜料理，會有濃白色的鮮味湯汁，配起來十分有味。

晚歸的室友一推開門，還沒見到我在廚房裡做啥，就大聲嚷嚷。

「妳在煮什麼？」

「煮盤白菜呀！」

「那怎麼這麼香？」

興致勃勃往盤子裡瞧。不過這樣看是看不出啥門道的，只看得到軟熟的白菜葉子躺在白鮮的湯汁裡。我很喜歡這樣的大白菜料理，搭配乾貨以及保存食，彷彿拉開了秋冬飲食的序幕。

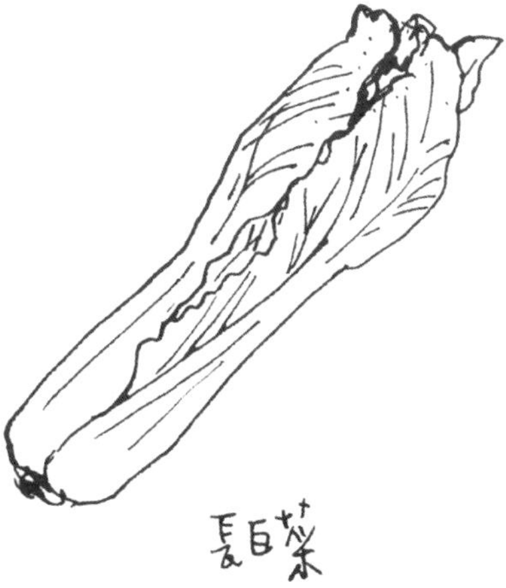
長白菜

十月一日

跟總鋪師學料理：魴魚捲蟹肉棒

上班日的晚上，因為長輩的邀請，前去參加總鋪師的晚餐。

糕餅師父剛結束中秋旺季辛勞的月餅訂單，找來老友要給員工和朋友們吃頓好吃的。今天的大廚師是由出身士林北投一帶糕餅師父郭爺爺老交情邀請來的，出身唭哩岸的阿義師。

阿義師看起來就像是電影《總鋪師》裡走出來那樣的老師父，戴著可愛高度的廚師帽，穿著雨鞋，和煦的跟人打招呼。手藝都在他那雙厚實、但是因為長年洗滌餐具顯得光亮的手心裡了。

阿義師出身的這帶，位處台北西區，是當初台北盆地內比較早發展的區域。又有日治時期北投酒家菜的薰陶，有很多充滿古意的富饒菜色，使用豬、雞、果乾蜜餞、罐頭、蹄筋、海參、花菇……等原料。也多充滿裝飾樂趣的手路菜，好比把蝦剝殼了，留下尾巴硬殼，用魚漿抹在土司上，中間點綴上蛋黃，是為台派老式土司蝦是也。拿去炸好，趁熱吃，一口咬下滿口鮮香油脂，富足地足以讓時間為止停頓。

一邊吃一邊覺得感動，碩大的蔥油紅條魚，堆滿花菇蹄筋鬆芋頭的佛跳牆，中間夾了李鹹的煙薰雞卷，下面墊了乾淨海蜇皮的鮑魚沙拉，用豬肝和肥肉以及肉末化泥做成的肥嫩肝燉，龍根燉雞，灑滿酥香櫻花蝦的炸紅糟鰻米糕……這每一道菜都像盛大的煙火，當我以為不能再更好吃的時候，卻又繼續在口腔和心中留下永恆的美麗的樣子，一個一個接連綻放。

這真的是老師父的手藝，以前時候像這樣的山珍海味只有年節和重要的婚儀才吃的到，每一道莫不是精心製作，超越日常的想像。大部分手路菜所需的經驗和對火候的掌握，自然也不是我這樣的小輩可以眼觀掌握的。不過這其中倒是有一道魴魚捲蟹肉棒清新美麗又討喜，用蒸的就可以製作出來！一圈雪白魚肉中間點綴一點紅，家常菜或是帶便當都很得意呢。

【魴魚捲蟹肉棒】

蟹肉棒 2 條、魴魚 2 片、太白粉少許。

把蟹肉棒從中斜切成兩段，魚肉一片分成兩長條。魚肉一面沾點太白粉，繞蟹肉棒捲好，備好料拿去大火蒸。大火蒸到魚肉斷生，起鍋裝盤淋上勾芡高湯、或直接食用。

十月七日

深夜的獅子頭

換了新工作，週末偶爾得要支援活動。這週六便是如此，雖然是要到台中支援，不過我恰好是台中人，能順便回家一趟挺好的。

工作結束約莫晚上九點半，走出建築物，雨停了，台中中區舊城區的燈火在水氣中明明滅滅；還沒吃飯、準備回家，我好像又回到剛北上時「深夜女子下班烹煮」的狀態了呢。這沒什麼不好，把自己安上齒輪，一格格轉動，確實前進，並在與名為社會生活的巨大機械絞動的同時得到扎實的樂趣，這是工作的幸福。

這麼晚了只能去超市採買，台中人習慣的地域性超市是興農超市，我覺得他們家的蔬果肉品，蠻能體現中部物產和超市本身由農企業起家的特質，也很接近我的口味。買了絞肉、薑、蔥、娃娃菜、冬粉和蛤蜊，想做土鍋獅子頭粉絲煲。

先做蔥薑水，我很在意肉品是否有腥味，慢慢打蔥薑水到絞肉裡，加上白胡椒粉和醬油調味，攪拌出黏性來。獅子頭這種肉丸子，當然有正宗的作法，淮揚正統作法要從七分瘦三分肥的肉塊剁起，香料水去腥，加入荸薺丁，捏成丸子入鍋炸定型。但說到變化就多了，有人喜歡加入板豆腐，取其飽滿的口感和豆香。至於我，中部人喜歡吃筍子，當然就放些綠竹筍丁，一次做一鍋，做成家人也喜歡吃的口味。

拿個小一點的鍋子起油鍋，捏肉丸煎炸定型，外表金黃即可取出備用。取土鍋或砂鍋，最下面放

泡過水的粉絲，依序放上剩下的筍子、切半的娃娃菜（或任何白菜），最上面放上剛剛炸好的肉丸子，加入清水或高湯，蓋上鍋蓋，等菜葉軟爛就可以吃了。起鍋前我加入蛤蜊同煮，湯頭更鮮。

這樣的清燉獅子頭是非常家常的，做起來也快，大概只花了半小時，但鍋裡有肉類、蔬菜和粉絲，吃起來非常滿足。難怪朋友正寧戲稱這道她奶奶的拿手菜是懶人料理，美味又能快速準備，是老太太打麻將耽擱了時間時，也能順手準備給家人的料理。

十月十六日

水嫩糟鹵醉雞卷麵線

有什麼菜式是天熱的時候從冰箱裡拿出來好吃，天涼的時候、微波來溫熱吃也好吃的呢？要平價的食材、要有做菜的成就感，要能夠在辦公室把便當蓋掀開的一剎那，成為讚賞目光的主角、同時飽足自己的胃口呢？這大概就是醉雞卷了吧。

有別於平鋪直敘、直火煎烤的雞腿排作法，用棉線或是鋁箔紙，細細把雞肉卷好成柱狀再來料理，因為平白得多用點工，就顯得難做。其實不然，醉雞實在是尋常肉品，只因為時間火侯的細心拿捏，再用調味的鹵水浸泡入味，就能成就大菜。切片盛盤，自用請客都不失了面子。最好是一次多做一點，不然可惜了泡製的滷汁與時光。最近在一場農夫市集的公開講座裡，我就準備這道醉雞卷，嘩嘩地切片給來的賓客享用，數十人吃得賓主盡歡。

這道雞卷要點有二，一是準備味香醇美的鹵汁。祕密武器是糟鹵，糟鹵可在一些南北雜貨行買到，它的成分是鹽、米麥酒麴製成的香糟、黃酒。先燒兩碗水，水滾了下自己喜愛的食補中藥材，黃耆、當歸、炙甘草，幾樣補氣又帶著甘味，再倒入半瓶糟鹵，是不出錯的作法。如果下了枸杞或是紅棗，量多的話，泡製出來可能會帶絲果酸氣息，可自主拿捏。如果買不到糟鹵，只要用黃酒系列的：紹興酒、紅露酒都很對味。只是要試一下鹹淡，要把鹹味泡進去的，滷汁要調到略鹹。

第二點是拿捏肉的熟度。這實在是這道菜對初學者來說，最不容易的部分，要做到雞肉柔軟而不柴，浸泡後不減口感。過去我用電鍋製作時，通常是以鋁箔將雞肉卷好，入鍋蒸二十五分，悶五分。肉從電鍋取出後，浸泡滷汁一夜即可。現在我有時會用可以控溫的低溫調理設備來製作，雞肉卷好用棉線綁好，與滷汁同放密封袋內，六十五度烹煮一小時。即可達到海南雞肉飯的那樣，以熱水將雞肉慢慢泡熟以達濕潤軟嫩的效果。

十月二十一日

金沙茭白筍

室友笑嘻嘻地拿了十根幼嫩的茭白筍回家，說是住在新北市的同事給的。

他去年也拿到一袋，今年又收到這充滿心意的自家農產餽贈，問我烤來吃還是清炒好？的確，十月分的茭白筍是茭白筍中的珍品，天色漸涼，溫差大，生就纖維細緻、修長的美人腿，特別水靈靈。難怪三芝茭白筍節就辦在十月，北部的饕客朋友，秋風一吹起，除了吃蟹，上菜市場時就巴望著這水中生的細筍。不過呢，長在北部的茭白筍其實是少數，全台近八成的茭白筍產地還是在中部。特別是車過埔里，看到泱泱水田中長得特別粗壯的一叢叢「稻子」，其實就是同屬禾本科菰屬的茭白筍。幼時不識茭白筍，當它是巨人國的稻子，卻從沒見過它結穗的模樣，始知這就是甜美清脆的茭白筍。我們吃的是因菰黑穗菌寄生而膨大的嫩莖，稱作「茭白」；過熟的茭白筍剖面可見黑黑一點一點，就是與菌共生的證明。

一邊看電視，慢條斯理地把茭白筍外殼剝去，留下一根根肥美的嫩莖。沒想太久就決定做金沙茭白筍，取金黃色鹹蛋黃的油脂鹹香包裹而得名。是台式快炒店的必備菜色，作法也不難——把茭白筍切滾刀塊，下鍋煎到金黃、表面略乾時盛起備用。

同一鍋，熱點油，放入壓碎的鹹蛋黃與蒜末，小火融化，很快地，整個鍋子就布滿金黃色的鹹蛋黃泡泡醬汁，此時再加入剛剛備好的茭白筍塊翻炒，讓「金沙」均勻分布在每塊茭白筍上。起鍋前，拌入配色的紅辣椒圈和青蔥末，就可以起鍋享用啦。

這樣做出來的金沙茭白筍無須額外加鹽增鹹，因為蛋黃本身就具有鹹度。鹹蛋白又比鹹蛋黃鹹一些，各位廚藝好手可以視個人需求放入適量的鹹蛋白丁添味。倒是這麼好用的金沙技巧，不妨延伸使用到其他類似料理上——金沙豆

十月二十三日

金黃地瓜燉飯

下班想著做什麼晚餐好呢？在超市結帳區前發呆，猛不然後面有人出聲叫住自己：「妳住這邊？」居然是公司老闆，有點嚇傻了。

手裡捏著一袋烤地瓜，收銀台上放著一小瓶鮮奶油、一顆洋蔥，提袋裡還有一份培根。如果根據英文俗諺 you are what you eat（你是所食），那這些食物到底說明了些什麼呢？是個受到西方飲食影響，仍然熱愛傳統烤地瓜的年輕人嗎？慌慌張張跟老闆打了招呼，走到門口，轉彎加速往家的方向前進，做飯。

天氣是真正的轉涼了，甜美根莖類呼喚的聲音似乎也變得更大聲，地瓜、南瓜、馬鈴薯，樹上的栗子啊。這些從深黑土裡吸取養分長出來的食材，似乎飽滿了迎接冬天的能量。特別是烤地瓜，冬天街頭的烤地瓜，用碳煨得焦香四溢的烤地瓜，水份少了、甜度高了，比水煮還要好吃。適合烤的地瓜是黃地瓜台農五十七號，紅地瓜台農六十六號則蒸煮比較適合。今天就用這烤的金黃的台農五十七號地瓜製作燉飯吧。

西式小館中常見燉飯，燉飯做起來說難不難，只是要點時間在旁耐心陪伴，也並非要義大利米不可，我個人偏愛花蓮富麗米，做起來說是西方口味的鹹稀飯也不為過。首先將培根切丁入鍋油煎，把油脂逼出來、培根也散發出迷人的香味。再放入切丁的洋蔥、蒜末，也煎得油香透明，這時放入米粒一起拌炒到半透明的狀況，徐徐加入一杯高湯（清水亦可），攪拌均勻，小火煨著也加入剝皮完的烤地瓜。

下班煮吃，實在是沒那麼多閒情先搗成泥，就半顆烤地瓜下去，拿木頭鍋鏟在鍋中細細翻攪、弄碎弄勻，也是一鍋金黃濃厚的陽光。在米心熟透前，水少了就加水，不夠鹹就添點鹽，想要更豐厚的乳香口感，可以加幾匙鮮奶油。就這樣攪啊攪的，一鍋台灣地瓜燉飯就做好了。

【金黃地瓜燉飯】

烤地瓜半顆、米 1 杯、鮮奶油 3 匙、培根 2 條、洋蔥半顆、蒜頭 5 粒。辣粉無論日式唐辛子七味粉、匈牙利紅椒粉、台灣辣椒粉，紅的豔的都可。

十一月三日

鹹豆漿與靠腰

做完黑豆保種小食的活動，回家時媽媽嚷著要我教她做豆漿。

豆漿一點都不難，雖然沒有專門的豆漿機，但是老媽的果汁機馬力比我的好上很多，可以把食物打得又細又綿，做豆漿很合適。

有機黃豆泡水一晚，隔天起來就軟了。夏天泡豆子時間要注意，黃豆水很營養，容易發酸，勤換水也是個方法。把泡軟的豆子，全部呼嚕嚕倒到果汁機裡，加上超過豆子高度的水，按下呼嚕嚕的開關。讓低低的轟鳴把豆子打碎，原本淺黃色的豆子與透明的水，慢慢湧出奶白的豆漿。

打好，取豆漿袋（十元商品店、家庭五金店都買得到）過濾出豆汁，就拿到爐上去煮沸。生豆汁含有皂素，必須確實煮沸才可以，不然人喝了會拉肚子。我站在爐火前面，開小火，一手拿湯杓撈去表面浮末——這正是手工豆漿和外售豆漿最大的差別，市售豆漿為了大量生產方便，除了防腐劑，一定會添加的是消泡劑。某個時間點，沸騰的豆汁會突然冒出大量綿密的泡泡，顧火得當心。小滾個五到十分鐘就成，記得不時攪拌，防止鍋底燒焦——老派早餐豆漿店，好比內湖因為尹清楓命案聞名的來來豆漿、或是中正紀念堂附近過去的青島豆漿店，賣的豆漿就是有焦香的。吾人不好此味，清甜尤佳，糖選冰糖或白砂糖薄薄添加，貪圖不夠味的時候可以變化口味。

剛煮好的豆漿又濃又香，爸爸在客廳聞到了說起他的祖父曾經種過大豆的往事。童年會吃到燉煮黃豆的料理，跟著下飯。不知道什麼時候，粒粒黃豆入菜的料理在現在的台灣不怎麼流行，我怎麼想都覺得是偏日式燉煮的作法。看爸爸講的往事沉醉，靈機一動，沖碗鹹豆漿給他吃吧。國高中理化課本很愛考，豆漿為何凝結成鹹豆漿豆腐花狀態的原因：答案是鹽跟醋提供離子，使蛋白質沉澱。這個我從來沒答錯過，這回就是實驗囉。

碗裡，加入香油、白醋（壽司醋）、好醬油、炒過的吻仔魚香蔥、一點辣油XO醬，沖入熱騰騰剛煮好的豆漿，魔法於焉發生，凝結成一碗熟悉的鹹豆漿。爸爸喝了大聲叫好，直說這是他這輩子吃過最好吃的鹹豆漿，問我用了什麼牌子香油？其實也就是尋常磨坊的香油，自家吃食不偷工減料，就好吃的讓人想哭。

自己是在新竹念書的時候，吃宵夜開始喜歡上鹹豆漿。其實老家巷口也有，但小時想像它不甜不鹹很詭異，後來陸續在中國吃到了麻辣豆腐腦，覺得配點蔥、香菜的鹹鮮口味很療癒。北部入秋後，下雨的夜晚，感覺更冷，就想吃這個。一個朋友拿傅爾布萊特獎學金在紐約念書時，隨著回台的日子逼近，不時靠腰又想吃鹹豆漿。如果他早知道鹹豆漿這麼好做，還需要當個夜夜靠腰的博士生嗎？不過，很多時候，人是需要靠腰的意義與對象的，這是一種夜晚怨念的寄託。我怎麼好為人師，剝奪這樣的出口？鹹豆漿與靠腰，皆不可或缺也。

鹹豆漿

十一月十一日

泡菜豬肉豆腐鍋

冷空氣終於來了，在冷涼的空氣裡走路真是極舒服的事。

台灣一般來說，非要等到十一月份才能有這番體悟。

這天氣裡，感覺人可以走得又長又久，不疾不徐看路上的人與風景。不過隨著氣溫下降，就想吃些溫暖的鍋物來給身心提供熱量，如果是放到下班後才開始煮飯的生活情境，我最推薦的料理就是泡菜豬肉豆腐鍋啦。因為即使是超級市場，都可以輕鬆買齊所需的材料：生鮮泡菜、豬肉片、豆腐、高湯、蔥、蒜頭等等基本元素。

不過就像事情做到、跟做好是有分別的。我們永遠可以把一鍋簡單至用罐頭泡菜、盒裝嫩豆腐與冷凍肉片就能煮就的泡菜豬肉豆腐湯，在味覺層次上處理的更有滋有味。這種細節的要求，我認為就是業餘溫飽跟專注迷人的微小差別距離所在。

更好吃的作法如下：鍋中加入生鮮泡菜後，加入去除魚頭的小魚乾同煮湯底。去除魚頭的用意是不讓魚頭等臟器添加湯頭的苦味。煮出滋味後，魚乾可移去不用，此時鍋中再加入蒜末，鹹度以同事發酵食的清醬油來調味濃淡，嗜辣者可加入韓式辣椒粉（大型量販店或食材行有售）。最後放入豬肉片、豆腐以及帶綠的蔥段，就是好吃的泡菜豬肉鍋。泡菜酸味有致帶辣的湯頭，配上有彈性的豬肉，真是開胃又有飽足感的料理。因為解膩，不小心就可以吃很多。

我曾經為了做這道料理，跟一起加班後的同事一起吃。煮好一鍋，電鍋炊好飯，在那個微涼秋天夜晚，很快速地打發兩個餓極的下班女子。同事是個耐操好用的插圖設計，再難的示意圖到了她的手上都能夠化成明瞭又可愛的模樣。溝通上是十分可靠確實的人，是那份工作期間，身為文字工作者的自己最信賴的夥伴。又到了這個天氣，又有煮這赤紅紅白花花一鍋的衝動，想起去年此時跟她一起吃的這鍋，想念就油然升起了。趕緊傳了訊息問候她，她低低淺淺回覆了些近來公私心情。嗯，都到了成年的年紀了，當然很明白生命的諸多功課活兒是自己的，得慢慢的做，旁人就好好的聽，打打氣。我們都是這樣過的呢。不過，一如鼎中紅辣的泡菜湯頭，世界再炙熱，在裡頭煨著、想著，就可以得到有更加豐富層次美味的肉片和豆腐了吧。

十一月十二日

乾香菇蝦米炒米粉

說到要把隔夜菜帶便當的話，炒麵絕對不是炒米粉的對手。

麵條和米粉剛起鍋吃，鑊氣、彈性與濕潤的醬汁，都非常好吃。過了一晚，麵條卻會像宿醉一樣，軟爛在醬汁裡，口感盡失。這時候，米粉條條分明的口感，在過了一晚，吸取剩餘的醬汁後，更加濕潤容易入口。因此成為我很喜歡準備的便當菜類型，一天吃不完，隔天依然美味。

米粉之前曾有米成分純度的爭議，因為政府曾經一度標準十分寬鬆，只要含10%的米成份，成品就可稱作米粉。如今嚴格規定，只有百分之百使用米粉製作的米粉，能夠稱作純米粉，否則稱作調和米粉。在意物有所值、貨真價實的消費者，購買時務必仔細閱讀標示。

一般人大多認為米粉是新竹的特產，跟貢丸湊一對的。來到新竹，仔細欣賞米粉包裝上頭的圖案，可看出一些趣味：米粉的品牌名與商標，不知是不是就近城隍廟的關係，不少跟神仙佛陀有點關係——佛祖牌、媽祖牌，不在少數。我常使用的聖光牌純米粉，商標則是聖誕老公公的頭。

不過，米粉可不是新竹獨有，彰化的阿公，便曾神祕地跟孫女我開示，台灣可不只有新竹才會做米粉，「咱們彰化芬園也做很多米粉」，身為彰化孩子，我可是吃在地米粉長大的，不假外求。

炒米粉，說穿了，是食物貯藏櫃拿出來美好乾貨的大集合。先將米粉取出，泡水備著，另一邊香菇泡發，撈起切絲，香菇水預備好。起油鍋，油熱了，放下香菇絲、蝦米、如果有臘肉培根也可切絲切末加一點爆香。差不多了，就放入米粉拌炒。均勻乾香了，嗆入香菇水，讓米粉吸飽濕潤香氣。調味用套水的醬油膏，才有嫌香的甘味，適到喜歡的鹹度就可以了。到起鍋前，保持鍋底有

【炒米粉】

材料：純米粉、乾香菇、蝦米、臘肉（或培根）、白胡椒。

十一月十五日

讓我們調情，不要說話

不知道什麼時候開始，給了朋友愛喝酒的印象。

然而我必須大聲疾呼，在無伴的情況，很少獨自酌飲；獨自酌飲的後果通常是喝不完一瓶，太浪費了。

台灣部分喝葡萄酒的風氣，感覺有點裝模作樣，追求昂貴的稀世酒品。本來葡萄酒消費就有奢侈品消費的意味，畢竟台灣不產，仰賴進口，這樣說來也是無可厚非；不過喜愛浮華享受的眾人喝完後，嘖嘖發出「很順口、很好喝」這樣幾乎不具備風味鑑別度的品飲感想，卻讓我倒胃口。大有本人小家子氣的心疼感。這種難受，接近我現在看到餐廳廣告詞標榜「創意料理」的感受，下意識就會胃縮一下，天曉得裡頭小廚師要推出什麼驚世之作，別嚇我。

大概我是有點左派青年的血液在裡頭吧，覺得這種品飲方式是飲用標籤，或飲出一個消費階級的生活情調。隨著品飲經驗增加，參加品酒會時，有時遇上旁邊畫上高規格裝容的女孩頻頻問我平常喝白酒還是喝紅酒多，即使她很可愛，還是讓我覺得有被打擾的感受。品飲葡萄酒有其次序，清淡的白酒先上，或許有粉紅酒，接著是輕盈類型的紅酒，最後才會是重口味的酒。就像樂章的鋪陳，緩緩的，挽著你的手，喚醒味蕾、熱身、小試身手，最後來到香氣如花綻放、酒體骨骼均勻性感的高潮，如何？女孩，我喜歡看妳喝酒露出欣喜的神色，自然的紅暈，多過這些葡萄酒履歷發問呢。讓我們調情，不要說話。

某回就因為想專心喝酒，找個喝不懂杯中葡萄品種的理由，端著酒杯稀哩呼嚕朝酒商方向溜了。一邊笑眼茫茫跟杯中的葡萄孩子打招呼，你們好奇怪噢，喝不出來歷呢。跟我好好說一說吧。

吃貨認同讓我更在意酒帶給人的愉悅，比起藉由飲用品牌紅酒標籤化自己的效果，更讓人感到一股享受當下的現世安好感受。朋友來家裡吃飯，有時候我會開一支葡萄酒。葡萄酒來源除了信賴的酒商，要不就去大潤發、家樂福之類的大賣場選購。這兩家賣場通路，都有法商的底子，近年來選擇桌酒（table wine），在台幣五百塊左右都有一些不錯的選擇。這個價位區間，不妨試試法國西南區、南方的葡萄酒，如隆河流域、朗多克胡西庸地區，這裡天氣炎熱，多採用 Syrah, Grenache 等葡萄品種釀酒，口感濃厚，帶點甜味，單寧骨架粗壯，品質佳者帶有花香和些微的辛香類香料氣味。隆河流域這樣南方的酒品，很得到新大陸美國酒評大家 Robert Parker 的喜愛，過去這些區域酒在舊大陸法國整體來說，是較難登大雅之堂的酒。傳統上、以及價格上的好紅酒還是非勃根地、波爾多不可，不過南方酒濃厚的風味和合宜的價格也是默默收買小資一族人心。既然經濟能力有限，自然與葡萄酒多樣性的正義，還是能讓不同預算的人體會到不同的品飲樂趣的。

這就是我如此喜歡喝葡萄酒的原因。

十一月十九日
大人小孩都愛的玉子燒

水牛書店的老闆娘熱情地邀我舉辦便當義賣派對。東想西想，決定呼應專欄開設的初衷——作為一個北上工作生活的青年人——把義賣所得捐給家鄉台中的惠明盲校。選擇惠明盲校，除了跟成長過程有地緣關係，該校在一九八零年代也曾經發生過多氯聯苯污染的米糠油食安事件，無法辨認的無辜盲生，吃下不安全的食物。用心為自己與來人做份便當，選擇好油，清清楚楚知道食材使用的來歷，大概是從自己能夠為自己飲食負責的最實在作法。

說到帶便當，有什麼菜色是成本實惠，打開卻讓人欣喜不已、放冷也好吃的呢？就決定是帶著日式精緻感的玉子燒了。玉子燒黃澄澄的，打開發出耀眼的光芒，連蒸飯箱的加熱都無法減去其光芒，厚厚的像雞蛋糕似的，大人小孩吃了都會非常開心。對於帶便當的學齡學生、或是上班族來說，這道玉子燒，更是午餐外交裡外兼備的好選擇。一起吃，獨自吃，都能感到滿意。

作法說難不難，只需備好方形的煎鍋（在日系的家飾用品店都有機會買到）和新鮮雞蛋即可。首先把三顆雞蛋打勻，煎鍋薄薄塗上一層油，倒一半的蛋液入平底鍋，微火慢煎。蛋液靠近鍋底那邊凝結，而上面蛋液未乾時，用筷子輕輕地把蛋皮朝自己的方向折過來。凝固的差不多了，再往內折，用折棉被的方式，形成長條。再把長條推到最外緣，倒入剩下的蛋液，依此類推，再折卷一次蛋液。做的越多次，玉子燒就越大卷。

日本道地口味的玉子燒吃起來甜滋滋的，這是因為加入了味霖調味的關係。築地市場玉子燒名店松露的玉子燒，吃起來還帶著香菇以及柴魚的高湯滋味。由此可見，玉子燒雞蛋卷跟所有的蛋料理一樣，都是包容度很高的料理。做得順手了，看要加乳酪、香菇片、事先燙好抓乾的菠菜，都很搭配。有機會請務必試試看。

十一月二十七日

山珍海味的叉燒拉麵

氣溫節節下降，這個島嶼的空氣難得濕度降低了。冬日來了。

這時候吃碗湯麵最是快慰人心。就用擁有山珍海味湯底的叉燒拉麵迎接年尾吧！

湯麵是可豐可儉。簡單的作法是燙好麵，打顆蛋，放上一匙肉燥澆頭，就是填胃口的陽春麵。但如果你願意多花點時間，反正冬日站在爐火前煮高湯，也是溫暖的撫慰——清水與食材本來互不相識，經過溫度與液體的催化——當然還有時間，成就一鍋好湯。再怎樣樸素的麵條，有了好湯的陪伴，稍加點綴就很好吃。

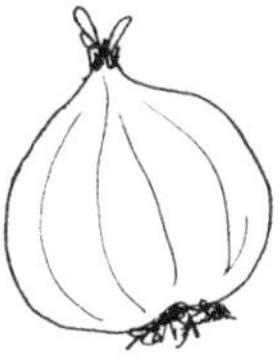
洋蔥

小卷乾

我的高湯基本班底有：洋蔥、紅蘿蔔、番茄、魚乾，水和一些米酒。如果買得到小卷乾，千萬別錯過。澎湖小卷乾煮出來的高湯十分清甜，帶著小卷羞怯的粉紅色，十分美麗。其他的根莖類像是牛蒡也很不錯，加入會有深沉的土地感，十分養生的感覺。

高湯的調味不必急著在煮湯頭時進行，建議可到使用前才加鹽調鹹淡，這樣用不完的高湯凍起來保存，日後救急十分方便。不嫌麻煩，使用一個小鍋自製加味的黑糖柴魚醬油。這個每碗舀一點，再倒入高湯，可謂湯底的天作之和，足可跟日式醬油拉麵湯底致敬。

另起一鍋水，把麵燙好，再燙蔬菜。這個季節菠菜上市了，非常好吃。其他沒有明顯季節感的蔬菜如豆芽、玉米筍，可以隨喜搭配使用。行有餘力，做顆半熟蛋，到時也一起放進去。重頭戲是叉燒肉，我用非常簡單的方法來做，力求不花去太多的時間。把豬肉梅花肉用蜜汁醬和一點米酒醃好，微波爐打個兩分鐘讓裡面熟，再放到平底鍋把外表煎個焦香四溢，灑上蔥花，就可以起鍋了。

製作這碗湯麵，是一次我為多數是男客人的晚餐所準備的餐點。力求親民，但是精緻。在份量上有調整的空間，但也可以根據喜好增減蔬菜、叉燒肉、麵條的份量。很可惜，那次的高湯很快就跟著麵被吃完了，沒有留到在冰箱成為下一餐料理湯底的機會，下次一定要多做一點。

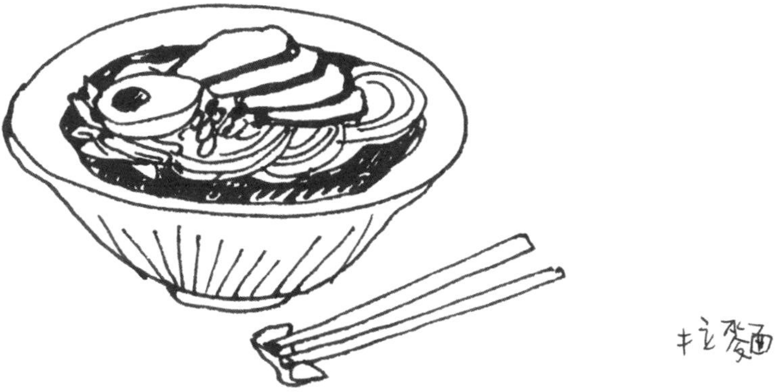
拉麵

十二月三日

冬日超簡單暖心料理

今年第一波有感的寒流終於來了。想吃些溫熱療癒的料理，又不想花很多的心神去製作（還很有精神的話、就不需要療癒了啊！），那就決定是超簡單的奶汁焗烤大蒜馬鈴薯白菜了！

這道菜是混和了烤馬鈴薯和奶汁白菜的作法，十分簡單。把一顆馬鈴薯去皮切片、幾顆大蒜也切片，排在烤皿中。可視需求加上培根丁增添煙燻油脂肉味，如果家中有些沒吃完的蔬菜——翻箱倒櫃清冰箱——菇類最好，也可以洗一洗切切放進去。鋪好第一層馬鈴薯和大蒜，薄薄灑上一層乳酪絲。倒上鮮奶油，灑上黑胡椒，然後重複這樣的作業，最後鋪上娃娃菜葉子和最後一層乳酪絲。烤皿美味的地質結構就完成了。

烤箱預熱好兩百度，把烤皿蓋上鋁箔放進去烤四十分鐘，乳酪、奶汁、大蒜、馬鈴薯、黑胡椒都交融在一起，最上層的蔬菜甘甜則被熱力烘烤濃縮。最棒的是，假借烤箱之力，不必顧火，是個不用多花心神的料理。想到這裡，這道料理的療癒指數又上升了不少。

焗烤馬鈴薯不說，烤奶汁白菜一直是我心目中，老派又帶點洋氣的外省家庭菜式。這個印象的來源，除了一般都在港式茶樓點得到菜之外，很小的時候，跟著從事教職的父母去上海人老校長家作客，老人家的廚子做了這道菜，哄我多吃點。傳統這樣料理，用上的不是鮮奶油，而是罐裝奶水。罐裝奶水怎麼說，都很有老派的舶來品風情呢——在鮮乳缺乏的時代，人們使用的保久奶味來源。任何一個茶攤子，只要上面擺了滿滿的奶水煉乳鐵罐頭，就不免帶上了點舊日好時光的殖民地風情派頭。相同地，當我們在東南亞喝到下面積了一層香甜雪白煉乳的泰式、越式咖啡時，也不由得聯想到，曾經歐洲國家如何帶來了奶與咖啡、白雪與深黑色的味覺來到當地。而地方的人們呢，就用南方特產的甜滋滋味覺，與封裝的奶味，包容了異國的文化滋味。

十二月十日
節慶的甜點：抹茶磅蛋糕

年末是假期的季節，先是冬至，然後是聖誕節。

因為節日的緣故，就來做不那麼常做的甜點料理慶祝吧。西式甜點，特別是含麵粉的，好吃的秘方無它，糖多油多；更因為甜點是化學科學，千萬別隨意更改配方，就可以做出好吃的甜點。早春草莓盛產的時候，我會做很多的草莓水果塔。而現在，呼應聖誕節的主題色彩，就做綠色的抹茶磅蛋糕吧。

當然我不會承認是因為看了電影《小森時光》才決定要做抹茶磅蛋糕的。裡面聖誕節的時候，女主人公市子的母親每到聖誕節，疑似為了迎接神祕的外國男人，都會製作紅綠雙色覆滿鬆軟雪白奶油的磅蛋糕。

我就算是做了磅蛋糕，應該也沒辦法成為那樣美麗纖細又堅毅，在小森林山村自給自足的女孩；我事實上就是住在都市裡，下班後透過食物來自娛娛人的深夜女子，甜點做了，來跟同事一起吃增進情誼倒是不錯。

磅蛋糕英文叫做 pound cake，是源自英國的家常傳統滋味。最古老的配方據說就是：糖、奶油、麵粉，各來個一磅，就可以製作出三磅的磅蛋糕。因為高油高糖，可以在常溫保存。也不強調要蓬鬆的空氣口感，而以濕潤扎實的口感取勝。

天冷的時候，心情低落的時候，切一小塊，配上濃濃的紅茶或黑咖啡，脂肪與甜味能夠帶給人很快速的回饋，這是做它的原因。看過書上說，受過西式教育的日本老先生，喜歡吃之前烤一下，淋幾滴白蘭地，慢慢吃，感覺也是非常高雅成熟的風格。

不過，不考慮口感單就外型和配方來考量的話，磅蛋糕跟台灣的發粿有點相似。都是烤好頭頂會開花，帶著「發發發」的好兆頭，吃了隨著熱量加持，

【抹茶磅蛋糕】

準備奶油 270 克室溫放軟，糖 270 克，常溫蛋 270 克，低筋麵粉 210 克，玉米粉 55 克，檸檬皮 1 個，1 匙抹茶粉，泡打粉 5.3 克。

把奶油常溫放軟，加入糖，用刮刀拌勻。蛋打散，蛋汁和粉類輪流分次加入奶油中，攪勻才加下一個。最後放到烤箱 150 度烤 40 分鐘（依個人狀況調整）。

注意別太勤快打發，拌勻即可，要是麵粉出筋，就會真的做出奶油發粿了。

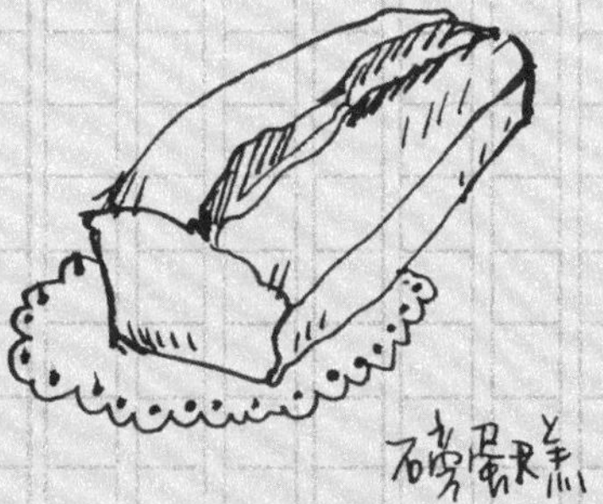

十二月十三日

薑香白菜雞湯

這是一道能夠品嚐到甘甜蔬菜滋味的雞湯，在大白菜盛產的季節，吃起來格外對味。

白菜是十字花科的蔬菜，換句話說，是菜蟲的最愛。大概毛毛蟲和蝸牛也知道十字花科的蔬菜滋味好，從幼苗起就會猛烈地攻擊這些好吃的小傢伙。如果你不想「第一次種菜就失敗」，那還是不要選這類蔬菜比較好。

不過，像是芥蘭、油菜、花椰菜、高麗菜、萵苣、白菜這些冬日常見的葉菜，都是十字花科的成員。有些人會儘量挑選有蟲咬的蔬菜，降低食安風險，不過事實上隨著農耕技術推廣，不用藥也可能長出美好完整的葉子。對消費者來說，最簡單的方式就是吃盛產季節的蔬菜，蟲咬和農藥的影響少，價格也美。

這道薑香雞湯不需要特殊的鍋具。首先鍋中放香油，熱了放入薑片，多點也無妨，慢慢煸香，加入剁好的雞肉塊，表面煎一下，也逼香富含油脂的雞皮。當機立斷，加入半瓶米酒，一碗水，將洗淨的整塊白菜葉，依序一層層蓋在肉上。像輕柔地蓋上棉被，然後呢，蓋上鍋蓋，悶它到清甜的汁水盡出，就是好吃的白菜雞湯啦！

白菜雞湯實在是好吃，中醫可能會皺著眉說，白菜性寒，女性多吃不宜。那就在料理上稍微變個巧，加煸香入薑片，這樣就中和了寒涼的屬性，吃多了也不擔心。

這道菜靈魂有二，一是白菜，一是米酒。

燉爛的白菜滋味在台灣人的味覺裡是很熟悉的，台灣傳統小吃味裡一道白菜滷，把白菜、泡發乾香菇、扁魚，有人還會加入碰皮（炸過的豬皮），一起同滷，整碗湯汁就是又鮮又甜，久煮也沒關係，反而入味好吃，拿來搭配魯肉飯非常正點。同理可推，拿來煮雞湯，反覆加熱後的白菜，吃起來也是挺有滋味的。另一位主角米酒，最常見的台灣公賣局紅標米酒，是用蓬萊米發酵後做的蒸餾酒。地方上有時候也可以跟有申請酒牌的農民買上一些台式米酒。我很樂意做這樣的嘗試——農民拿自己種的米做酒，把農產製作成農產加工品，增加產銷的競爭力與消耗過多的收成。有時因為使用米種的不同，做出來的米酒滋味也很不一樣。比如宜蘭女農朋友佳玲有田有米用宜蘭秈稻十號製成的米酒，煮起來硬是比蓬萊米的清甜。而混入高雄一四七品種釀製的米酒，酒香分明。在使用上，都可以得到不少味覺探索的樂趣。也是最直接的風土滋味。

日本人的清酒也是用米做的，氣味上變化是更加地豐富。這是因為日本的酒米發酵後，並沒有經過蒸餾的程序。保留了水、米、酵母天然作用的風味。台灣雖然也盛產稻米，但可能是安於蒸餾酒比較好保存的緣故，少見這種未經蒸餾保存的酒類型，實在是有點可惜呢。

雞。
因為不會畫
白菜雞湯

十二月三十一日

鹽份地帶的滋味：培根菌菇炒海蓬子

第一次吃到海蓬子，是在一個金門廚師的廚房裡。金門來的廚師拿出這碧綠的小蔬菜，長得綠珊瑚似的，小心翼翼放在盤中當前衛料理的擺盤。

我看到心中覺得驚奇，這菜專門長在濱海地帶，又稱海蘆筍，耐高鹽環境，在國外長在鹽沼或是當做海埔新生地的健康蔬菜來食用。在台灣倒是少見，大概是習慣柔嫩菜葉的華人，不時興吃這種味帶鹹甘、口感脆脆的野蔬。連忙問他哪裡買來的，金門廚師愣了一下，說家附近超市買的。那時我還覺得怎麼可能呢，這下就在全聯超市架上看到了，連忙帶回家嘗鮮。

海蓬子的料理方法，以乾炒香氣增加爽脆的綠意口感，有點接近美濃客家人吃的水蓮菜，但水份沒那麼多。我取蒜片煸香，加入臘肉培根片逼出油脂，和切塊的香菇，先在鍋中炒香，再加入海蓬子快炒。起鍋前加一點點米酒收乾起鍋即可。

以前這樣鹽份地帶的植物，不大出現在我們的餐桌上。不過，近年來似乎是因為環保概念的提升，這些饒富野氣、能夠克服逆境的海邊植物，也開始以充滿精神的姿態加入吾人味覺的光譜中。其中最有名的就是沙拉用的「冰花」了。冰花因其表面佈滿晶瑩透明的囊狀細胞，宛如水滴般，吃起來口感清脆帶著鹹滋味，因而得名。冰花過去是以昂貴的方式空運進口，價格高達每公斤破萬。不過如今台灣澎湖海島農業技術發展有成，（或是產銷規劃讓市場價格大跌），一公斤價格只需要幾百塊就可以試到這過去非常昂貴的蔬菜。到了澎湖看到了，請務必一試。

有心的消費者可能會想問，海濱耐鹽蔬菜，除了進口品種的冰花和海蓬子外，有沒有在地的選擇呢？有的。冰花屬於番杏科植物，在台灣的海邊本來就是常見的植物，延著東海岸台十一線，可以見到這冰花的在地親戚。番杏跟冰花長得差不多，只是少了表面的晶瑩囊狀細胞，吃起來也是柔嫩有味，花蓮農改場也將之列入推廣的野菜行列。都市人賣它的時候，換個名字，把番杏叫做「毛菠菜」、「洋菠菜」，從不受教的「番」到都市人喜愛的「洋」氣。大抵也是一個食物的都市化旅程註解吧。

番杏

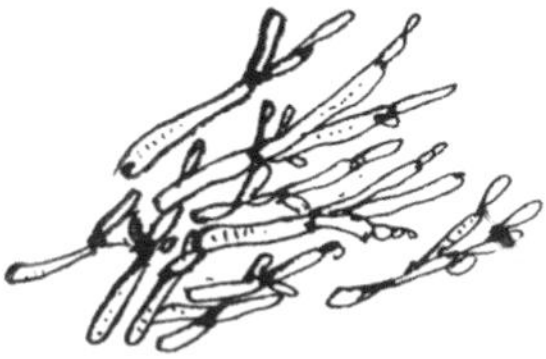
samphire
海蓬子

年末。

結個肥美的尾巴

回頭看看，自己一年之中居然煮了那麼多的飯，還挺嚇人的。

一個驚嚇是說，這樣一週一篇的食物週記，活生生就是生而為飯桶的鐵證，沒有開脫的理由。另一個驚嚇則是，原來一年過得這麼快，而自己即使在這麼快的步伐裡，還好有用煮飯這細小而確實地的事，留下生活的痕跡——原來去過了這些地方、曾經遭遇了這些人事物，腦袋裡曾經閃過這些念頭。想著就覺得滿心感謝——食物果然不會背叛，只要自己對感受生活的能力有足夠的信心，就能夠一點一點茁壯。（茁壯在體重方面就免了，謝謝）

法國人類學家李維史陀說過：「人類吞噬自然的方法就是進食。」這句話說得一點也不錯。吞噬食物，就吞噬了自然，食物吸收後化成血肉，給予熱量和感官最直接的愉悅，人以動物性的存在吃下熱量、延續生命，以性靈的喜悅欣賞、領受食物帶來的美好經驗，然後再誠心誠意地，以物質和精神兩個取徑成為自己的一部分。以前跑採訪時，我也曾經聽設計圈詹偉雄大哥這麼說過：「吃美食是最容易的，更新經驗前緣的方法。」人以饕餮之姿吞食著世界向人們展示的一切，一次一次打開經驗資料庫的前緣，領受時物職人思索事物本質的深刻理解與創造力。

撇除以上，吃飯很個人性感官經驗與內心燃燒小宇宙的部分；食物同時也是與人分享的。我喜愛跟朋友們同桌吃飯，在台北這樣的城市，人們比較傾向在另一個家庭餐桌上軟化出心聲，而在外頭餐廳飯局上展演與交際；餵飽自己之餘，根據今日飯局來客組成，細心準備差異喜好的飯菜與酒水，聆聽與交換話語，開始讓我真正感受融入了此地，長出在地的根，織起吃飯與友誼的網。

原本這本書的起頭，是一位北上工作，喜愛文字與閱讀，但因為從事編輯工作，用煮飯這回事當做過度儀式來區分工作與日常的閱讀，女孩子的碎唸分享。慢慢的，因為一些機緣，煮飯成為了傳統紙媒的報紙專欄，每週與每週，我固定煮飯，根據時節以及時事、抑或自己的偏好，用食物跟人們說話——練習跟網路上的人們說話，也練習跟那些看報紙的、面目我不甚清晰的讀者們說話。甚至用食物來乘載想傳達的話語，這都是一開始始料未及之事。

我想我是嘗試這麼說的：即使有一百個人說，這個年頭不好，年輕人工作翻身不若以往，高等教育機器失靈，市場不若父執輩成長的年代蓬勃。只要一個人願意開始用心好好生活、照顧自己，用吃食關愛環境與世代，這都不會只是一個只能於己所用、不能與人分享的小確幸，而是一整個世代都做得到的生活實踐。

好好的努力，好好的生活，好好的吃飯。

當我們，就是這麼美好。

文學花園 c141

深夜女子的公寓料理

作者　毛奇
圖片　毛奇
責任編輯　李亮瑩
美術設計　周晉夷
行銷企劃　郭正寧
讀者服務　詹淑真

出版者　二魚文化事業有限公司
發行人　葉珊
地址　116 台北市文山區興隆路四段165巷61號6樓
網址　www.2-fishes.com
電話　(02)29373288
傳真　(02)22341388
郵政劃撥帳號　19625599
劃撥戶名　二魚文化事業有限公司

法律顧問　林鈺雄律師事務所

總經銷　黎銘圖書有限公司
電話　(02)89902588
傳真　(02)22901658

製版印刷　彩達印刷有限公司
初版一刷　二〇一七年一月
初版三刷　二〇二〇年六月
ISBN　978-986-5813-86-4
定價　三六〇元

國家圖書館出版品預行編目（CIP）資料

深夜女子的公寓料理／毛奇 著．-- 初版．
-- 台北市：二魚文化，2017.01 296面；
12.8X18.8公分．--（文學花園；
C141）
ISBN 978-986-5813-86-4（平裝）

1. 烹飪 2. 文庫

427.07　　105022008